# Un Bosque de Matemáticas

APRENDIENDO MATEMÁTICAS CON PÉXEPS Y EL OSO

Lucina Kathmann

Ilustraciones de Fabián Nanni

Copyright © 2020 Lucina Kathmann, lucina.kathmann@gmail.com
Portada e ilustraciones © 2008 de Fabián Nanni.

Todos los derechos reservados. Ninguna parte de esta publicación puede reproducirse, almacenarse en un sistema de recuperación o transmitirse de ninguna forma o por ningún medio, electrónico, mecánico, fotocopiado, grabado, escaneado o de otra forma sin el permiso previo por escrito de Lucina Kathmann, excepto por breves citas utilizadas en reseñas.

Las historias de Un bosque de matemáticas son ficticias. Los nombres, personajes, lugares y hechos son producto de la imaginación de la autora.

Algunos de estos personajes e historias están basados en Payshapes and the Bear/Péxeps y el Oso de Lucina Kathmann, un libro de cuentos bilingüe (inglés/español) publicado por Chiron Books en 2008. Parte de esta colección de cuentos fue publicada originalmente por la Biblioteca de Textos Universitarios, Salta, Argentina, ISBN: 950-851-044-7.

Un bosque de matemáticas también ha sido publicado en versiones levemente diferentes:
Un bosque de matemáticas/A Forest of Mathematics, edición bilingüe en español e inglés. Biblioteca de Textos Universitarios, Salta, Argentina, 2008. ISBN 978-950-851-099-0
Un Bosque de Matemáticas, edición en español INITE, Naucalpan, Estado de México, México, 2010. ISBN 978-607-454-045-1
A Forest of Mathematics, edición en inglés, Chiron Books, Estados Unidos, 2015,
ISBN 13: 978-1-935178-37-8; ISBN 10: 1-935178-37-7
Número de control de la Biblioteca del Congreso: 2015949544

La edición de INITE fue seleccionada para el Salón de Novedades en la Feria Internacional del Libro de Guadalajara en 2011.

Un bosque de matemáticas está dirigido a estudiantes de 1° y 2° de secundaria. Está diseñado para prepararlos para matemáticas de preparatoria.

ISBN 13: 978-1-935178-48-4
ISBN 10: 1-935178-48-2

Manufacturado en Estados Unidos de América
Una publicación de ChironBooks
Carrboro, Carolina del Norte
www.chironbooks.com

**Contacte a Lucina Kathmann: lucina.kathmann@gmail.com**
https://playsonideas.com/chiron-books/
Vea también https://playsonideas.com/madeira-press/lucina-kathmann/

*Ha sido muy divertido escribir este libro, en parte debido a la ayuda de muchas personas con la cuales estoy agradecida: mi primera editorial, la Biblioteca de Textos Universitarios Salta, Argentina; mi segunda editorial, INITE en México; mi tercera editorial, Chiron Books en Estados Unidos; y mis amigos y parientes, incluyendo Nicolás Kuschinski, Yunuen Vital, Nicholas Patricca, Robert Colucci, Pat Hirschl, Elizabeth Starcevic y Cartney James. Algunos me brindaron asistencia técnica invaluable; todos me dieron horas de ayuda.*

*También un agradecimiento especial para la gente de la escuela Agassiz en Chicago: los profesores de matemáticas Neil Mikota, Ryan Peet y Josephine Pierson, la administración y todos los alumnos de ahí, especialmente a muchas generaciones de estudiantes de mis sesiones del Reto de matemáticas.*

*En memoria de Evelyn Bogardus Gutekunst, apreciada maestra de matemáticas en mi juventud.*

# Introducción
## *Una carta para los jóvenes*
## *(y sus amigos y profesores)*

Este es un libro de matemáticas sobre cosas que suceden en el bosque de Péxeps con él y sus amigos. Péxeps es el único ser humano en el bosque. Todos los demás son animales, aunque se dice que algunos de ellos, como los dragones, no existen.

Escuché por primera vez de Péxeps hace 30 años, cuando mi hijo de dos años me pidió una historia para dormir acerca de Péxeps. Dijo que la historia debía de ser sobre Péxeps, un oso y un dragón y el bosque donde ellos vivían. Nadie, incluyendo a mi hijo, tiene la más mínima idea de dónde vino ese nombre o esa ocurrencia.

Después publiqué un libro de cuentos acerca de Péxeps. (Péxeps y el Oso, Chiron Books) Alguien pidió una copia para el Museo de paz en Samarcanda, Uzbekistán. No puedo explicar cómo el museo supo de mí o de Péxeps, pero sé que ellos recibieron el libro porque enviaron una linda nota de agradecimiento.

La relación de Péxeps con Uzbekistán permanecerá en el misterio, pero te diré lo que necesites saber sobre Péxeps y sus amigos. Ellos planean ayudarte con algunos conceptos de matemáticas muy importantes.

Advertencia: este no es un libro para principiantes. Las cinco unidades de este libro son las partes más importantes del trabajo de matemáticas de 1° y 2° de secundaria, aunque se pueden introducir estos conceptos en 5° y 6° grado de primaria. Yo uso las cinco unidades en mis sesiones para el Reto de matemáticas con alumnos de 1° y 2° de secundaria e incluso con adultos en mis clases nocturnas. Las unidades pueden ayudar a cualquiera, siempre que sepa sumar, restar, multiplicar y dividir.

Cada sección comienza con un cuento sobre la vida en el bosque de Péxeps, por ejemplo, cómo necesitan números negativos porque hay un canguro que siempre salta hacia atrás. Al terminar cada unidad se encuentran hojas de trabajo y de respuestas. Al final hay hojas de trabajo para repasar todo el material en una sección llamada el Gran Matematón.

Puedes hacer uso de las lecciones como desees. Por ejemplo, puedes leer la unidad de números negativos cuando comiences a trabajar con números negativos en clases. Por supuesto, también puedes hacerlo durante tus vacaciones o en cualquier momento solo por diversión.

Mis mejores deseos,
Lucina Kathmann, San Miguel de Allende, Gto. México. Mayo 2020
lucina.kathmann@gmail.com

# Contenido

Introdución ............................................................................................................. 5

## Unidad 1. Números negativos ........................................................... 9
Los números negativos vienen al bosque de Péxeps ................................... 11
Hojas de trabajo ............................................................................................ 21
Respuestas ..................................................................................................... 26
Multiplicar y dividir con números negativos ............................................. 28
Hojas de trabajo ............................................................................................ 33
Respuestas ..................................................................................................... 37

## Unidad 2. Coordenadas cartesianas ............................................. 39
Un mapa del bosque: coordenadas cartesianas .......................................... 41
Hoja de trabajo ............................................................................................. 47
Respuestas ..................................................................................................... 51

## Unidad 3. Exponentes y notación científica ............................. 53
Conejos y exponentes ................................................................................... 55
Hojas de trabajo ............................................................................................ 61
Respuestas ..................................................................................................... 65
El Oso habla de abejas: exponentes con base 10 ....................................... 67
Hojas de trabajo ............................................................................................ 75
Respuestas ..................................................................................................... 79

## Unidad 4. Fracciones ............................................................................ 81
De peleonero a asesor de matemáticas: fracciones propias e impropias ...... 83
Hoja de trabajo ............................................................................................. 91
Respuestas ..................................................................................................... 93
El grupo "Reto matemático" enfrenta los términos más bajo y los múltiplos comunes ....................................................................................... 94
Hoja de trabajo ............................................................................................. 101

Respuestas .................................................................................................................. 103
Sumar fracciones ......................................................................................................... 104
Hojas de trabajo ........................................................................................................... 113
Respuestas .................................................................................................................. 115
Restar fracciones ......................................................................................................... 117
Hojas de trabajo ........................................................................................................... 125
Respuestas .................................................................................................................. 128
Multiplicar y dividir fracciones ................................................................................... 131
Hoja de trabajo ............................................................................................................. 139
Respuestas .................................................................................................................. 141

## Unidad 5. Decimales y porcentajes ................................................ 143
Comparamos decimales ............................................................................................... 145
Hoja de trabajo ............................................................................................................. 155
Respuestas .................................................................................................................. 157
Operaciones con decimales ......................................................................................... 159
Hoja de trabajo ............................................................................................................. 165
Respuestas .................................................................................................................. 167
Dividir decimales ......................................................................................................... 169
Hoja de trabajo ............................................................................................................. 177
Respuestas .................................................................................................................. 179
Decimales y porcentajes .............................................................................................. 180

## Repaso: El gran matematón ........................................................... 187
Hoja de trabajo final ..................................................................................................... 188
Respuestas .................................................................................................................. 199

La autora ...................................................................................................................... 207

# UNIDAD 1

## Números Negativos

**Unidad 1: Números negativos**

# Los números negativos vienen al bosque de Péxeps

Los pequeños canguritos en el bosque de Péxeps solían usar sus saltos como unidad de medir. Eran buenos para calcular sumas con ellos, y restas también. Dijeron, por ejemplo. –Tres saltos hasta el cuarto de mi hermano, y otros cinco saltos para salir de la casa hasta donde mi amigo me espera:

$$3 + 5 = 8$$

Son ocho saltos para llegar a mi amigo que saltará a la escuela conmigo.–

Después de saltar tres veces al cuarto de su hermano, a veces preguntaban, –¿cuántos saltos todavía quedan para que salga yo de la casa?

$$8 - 3 = 5$$

Son cinco saltos que me quedan para que alcance a mi amigo.–

Todo parecía muy fácil hasta el día en que un pobre canguro empezó a saltar para atrás. Para su asombro, aunque intentaba saltar para adelante, siempre saltaba para atrás. No sé lo que tenía mal, pero no se le quitó, seguía saltando para atrás. Sus hermanos empezaron a llamarlo Paratrás. Un día cuando salieron para el parque infantil, mientras que los demás se acercaban más y más al parque, Paratrás se alejaba. ¡Se alejó aún más del parque infantil que de su casa desde donde empezó!

En la recta numérica, 0 representa la casa del canguro, y 7 es el parque infantil.

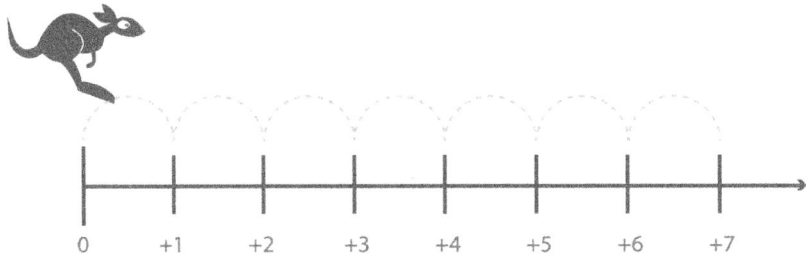

Los canguros siempre había usado este recta numérica, pero ahora qué les iba pasar con el caso de este pobre cangurito Paratrás. Después de tres saltos, ¿dónde se quedó?

No estuvo en esta recta. Estuvo más lejos del parque infantil que de su casa, más lejos que el punto 0.

Los canguros estaban muy tristes por esto hasta que consultaran al Oso,

## Unidad I: Números negativos

quien les contó sobre una manera nueva para representar su situación. Dijo, –¿Por qué no extender la recta numérica en el otro sentido? Incluiremos todos los números pero en el otro sentido. Los llamaremos los números negativos y los representaremos así:

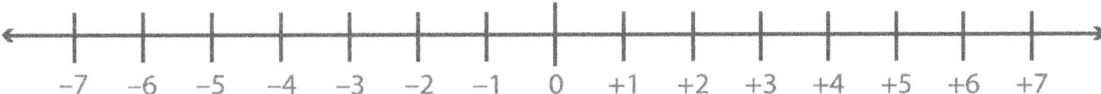

No todos estuvieron de acuerdo. Uno dijo, –No tiene sentido. ¿Cómo puede haber números negativos de saltos? Salto un número de veces o no salto, en tal caso son 0 saltos.–

Otro dijo, –Y qué de restas. No se pueden restar más manzanas que las que tienes al principio. No hay manzanas negativas.–

El Oso les contestó: –De hecho, no estamos hablando de cosas negativas, solamente queremos una manera más adecuada de representar la situación con su pobre hermano Paratrás.–

Cuando pensaron de esta manera, les cayó mejor. Dijeron, –Bueno, en cuanto a Paratrás, suponemos que está bien. Después de tres saltos, él está en –3, esto queda claro.– Cuando analizaron lo que había dicho el Oso, se mostraron más accesibles.

–Muy bien–, dijo el Oso. –Y pueden ver a cuántos brincos está del parque, que su ubica en +7 en la recta numérica?–

Todos los contaron usando la recta numérica y estaban seguros de que Paratrás quedaría a 10 brincos del parque infantil, pero no supieron cómo hacer para que los números salieran bien. Menos siete menos 3 no son 10, ¿entonces cómo es que hay 10 brincos entre –3 y 7?

El Oso explicó, –Cuán lejos un punto queda del otro en la recta numérica es la *diferencia* entre los dos puntos. ¿Si un canguro está en 5 y el otro está en

3, cuán lejos está uno del otro? Para saber la *diferencia*, restamos el menor del mayor, ¿no es así? Entonces están a 2 brincos el uno del otro. –

Todos estuvieron de acuerdo, como hace buen juego con el sentido común.

–Bueno,– continuó el Oso, –hablamos de una diferencia aquí con Paratrás, también. Estamos hablando de la diferencia entre 7 y –3, algo que hacemos restando. Hablamos de 7 menos –3, o 7 – –3. Y, como hemos contado en la recta numérica, son 10.–

–¿7 – –3 = 10? ¿Es broma? La única manera en que saldría bien es si *menos un menos* es un *más*,– dijo un canguro. –Y esto suena como un chiste tonto.–

–Bueno, vamos a ver– dijo el Oso. Les dio muchos ejemplos con casi todos los canguritos en un lugar positivo en la recta numérica y Paratrás a la izquierda del punto 0. Todos intentaron calcular los ejemplos, primero contando los lugares en la recta numérica, y después haciendo un cálculo normal, interpretando *menos un menos* como "más". Como en este caso 7 – –3 = 7 + 3 = 10

Inténtalo tú también:

$$6 - -2 =$$

$3 - -3 =$

$1 - 0 =$   (En este caso Paratrás se quedó en casa.)

$4 - -1 =$

$0 - -5 =$   (En este caso los otros canguros se quedaron en casa.)

¿Esto siempre funciona para calcular a qué distancia los canguritos están uno del otro?

Para resolver restas con números negativos, el Oso recomienda este paso importante:

# Unidad I: Números negativos

> Paso importante del Oso
>
> **Menos un menos es un más.**

Ahora vamos a pensar en sumar con números negativos. Paratrás hizo 3 brincos antes de las 10 de la mañana, y otros 4 brincos después de las 10. ¿Dónde terminó?

Según la recta numérica ampliada del Oso, Paratrás llegó a −3 y pues hizo 4 saltos más a la izquierda, terminando en -7.

Lo representaríamos así; −3 + −4 = −7.

Así como cuando sumamos números positivos a otros números positivos, nos lleva más y más a la derecha a números positivos más y más grandes, vemos que al sumar números negativos, nos lleva más y más a la izquierda, hasta números negativos más y más grandes.

Esto se da cuando sumamos positivos con positivos, y negativos con negativos. ¿Ahora, qué pasa cuando sumamos números positivos con números negativos?

Supongamos que los canguros salen de la casa un día y dan tres brincos hacia el parque infantil. Entonces oyen a Paratrás llorando, por eso dan 7 brincos para atrás para atenderlo. ¿Dónde terminan?

Ve la recta numérica.

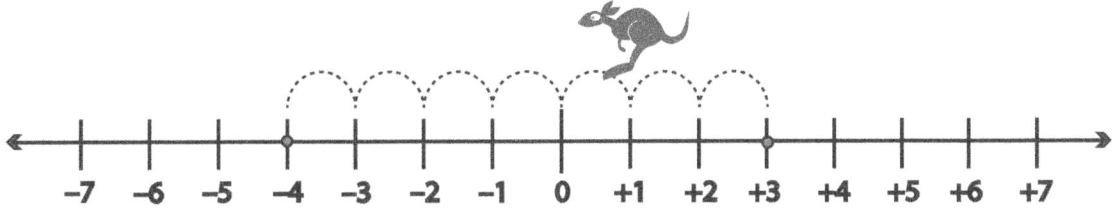

Este problema se escribe así:

$$+3 + -7 =$$

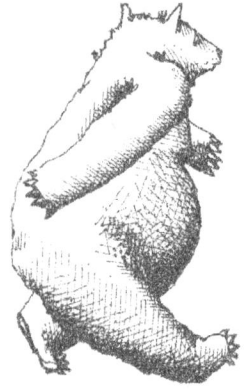

Los canguros fueron 3 saltos en sentido positivo, y luego 7 en sentido negativo. Los primeros 3 saltos en sentido negativo se gastaron regresando a 0, después los últimos 4 fueron verdaderamente en la sección negativa. El número que resultó, −4, está entre los dos números +3 y −7. Con la recta numérica es fácil verlo. ¿Cómo lo representamos en números?

El Oso les dijo un procedimiento fácil para sumar números cuyos signos no son iguales. Dijo:

**Paso 1:** Resta el número menor del número mayor. (Aquí se refiere al menor y mayor de 0,1,2,3,4,5,.... No se refiere a los signos + o −.)

**Paso 2:** Dale al resultado el signo del número mayor.

Volvemos a nuestro ejemplo:

$$+3 + -7 =$$

¿Cuál es Paso 1? Restar el menor del mayor. Bueno, es 7 − 3 = 4.

¿Cuál es Paso 2? Dale el signo del mayor a la respuesta del Paso 1. Es decir, a 4 le damos el signo de 7, que es negativo. Así que la respuesta es −4.

Si sigues bien las dos reglas prácticas del Oso para cuando sumas números cuyos signos no son iguales, vas a poder hacerlo cada vez mejor. Vamos a intentar unos más:

$$+2 + -7 =$$

**Unidad I: Números negativos**

**Paso del Oso 1**: 7 – 2 = 5

**Paso del Oso 2**: ¿Cuál entre 7 y 2 es mayor? ¿Es + o – ? Es –.

Entonces la respuesta es –5.

No importa el orden de los positivos y negativos.

$$+3 + -1 =$$

**Paso del Oso 1**: 3 – 1 = 2

**Paso del Oso 2**: 3 es mayor, fue +. La respuesta es + 2.

Habrá muchos ejemplos más en las hojas de trabajo. Ahora volvemos a restar, a la parte tonta cuando el Oso nos indicó que "menos un menos es un más".

Ya sabemos calcular restas como:

+3 – –2 =

Porque es lo mismo que +3 +2 =

La respuesta es 5.

Veremos algunos otros tipos de restas que usan números negativos:
$$-7 - -3 =$$

Por menos un menos, podemos ya reescribir este problema así:

$$-7 + 3 =$$

(También se lo puede escribir –7 + +3 = Si no aparece el signo "–", quiere decir que el número es positivo.)

¡Pero mira! Una vez rescrito –7 + 3 =, es una suma. Y como es suma, puedes aplicar los Pasos del Oso 1 y 2 para resolverlo.

**Paso 1:** 7 − 3 = 4

**Paso 2:** De 7 y 3, 7 es mayor y es negativo. $\boxed{\text{La respuesta es −4.}}$

Aquí hay otra resta:

$$-3 - -8 =$$

Reescribe el menos menos.

$$-3 + 8 =$$

**Paso del Oso 1:** 8 − 3 = 5

**Paso del Oso 2:** 8 es mayor y es positivo. $\boxed{\text{Respuesta: +5.}}$

Otro caso:

$$+6 - -5 =$$

Reescribe el menos menos:

$$+6 + 5 =$$

Ahora queda fácil porque los dos son positivos.

Básicamente, para hacer restas, las conviertes en sumas. *Menos un menos* es un más. *Menos un más* y *más un menos* son sumas normales con números negativos, para los cuales debes usar los Pasos del Oso si los signos son diferentes. Y *más un más* es el mismo tipo de suma que has estado realizando desde el primer grado.

Intenta con las hojas de trabajo. El Oso me ha pedido incluir la recta numérica en ellas; dice que interpretando los problemas en la recta numérica se aclaran muchas confusiones.

# Notas

Unidad I: Números negativos

## Hoja de trabajo 1: Números negativos

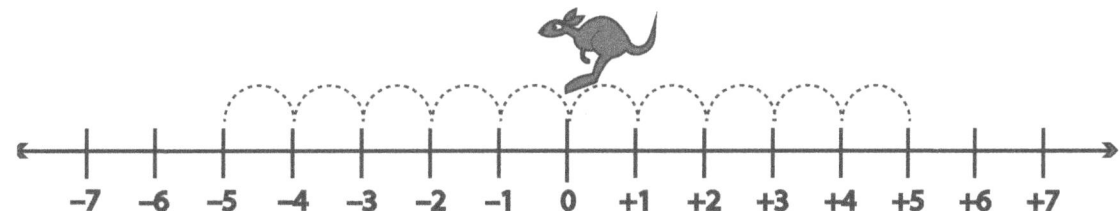

1. Una cangurita se peleó en el parque. El día después, cuando salió, se sintió muy nerviosa. Cada vez que pensó en lo que había sucedido, volteó y empezó a brincar fuera del parque. Después cuando pensó en cómo sus amigos se estaban divirtiendo allá, volteó otra vez y empezó a brincar hacia el parque. Siguió brincando hacia adelante y después para atrás y nunca llegó. Aquí están los detalles de su ruta; ¿dónde la encontró su madre cuando la buscó a la hora de comer?

Adelante 5 brincos, atrás 7 brincos, adelante 3 brincos, atrás 5 brincos, adelante 1 brinco, atrás 2 brincos, adelante 6 brincos.

2. **Resolver**

    a) −3 + −6 =
    b) −3 + −4 + −1=
    c) −3 − +6=
    d) 3 + − 6=
    e) 3 −+6=
    f) −1 + −4 + −3 =
    g) −1 − −2=
    h) 2 − −3 =

3. **Números más grandes, pero los manejas igual.**

    a) −3456 + − 217 =
    b) +213 − −213=
    c) −217 − −213=
    d) 719 + −316 =

**Unidad I: Números negativos**

## Hoja de trabajo 2: Números negativos

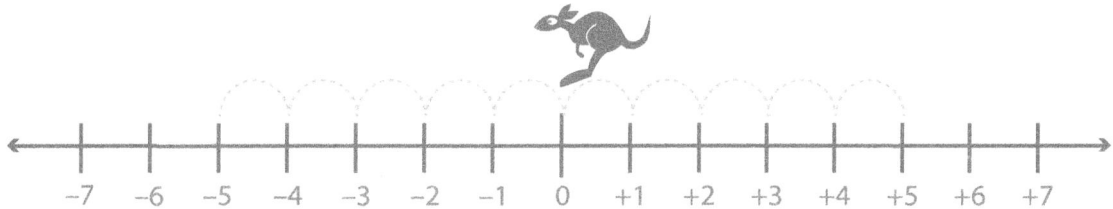

1.  Péxeps y el Oso andan frecuentemente por unos lugares bien conocidos:

    0 La casa de Péxeps (en este ejemplo).
    + 4 La cueva del Oso.
    + 6 Los panales del Oso (el Oso cría abejas).
    – 5 El lago de los dragones (donde viven los dragones).
    – 3 El campo de margaritas.

a. ¿A qué distancia está el campo de margaritas de la cueva del Oso?
   b. ¿A qué distancia están las abejas del campo de margaritas?
   c. ¿A qué distancia están los dragones de la cueva del Oso?
   d. ¿A qué distancia están las abejas del Lago de los dragones?

Esta vez, no solamente resuelvas los problemas usando la recta numérica, escríbelos como restas. Debes saber hacer esto porque la recta numérica no es práctica para números grandes; ¡no puedes andar con una recta numérica de 10 kilómetros!

2. Para sumar una serie de números positivos y negativos, suma todos los "+"s y todos los "−"s por separado. Finalmente suma los dos resultados, como una suma con signos mixtos. Aquí hay un ejemplo de una ruta complicada:

Adelante 3 brincos, atrás 4 brincos, adelante 6 brincos, atrás 7 brincos.

¿Dónde termina?

Números positivos: 3 + 6 = 9
Números negativos: −4 + (−7) = −11
Suma de positivos y negativos: +9−11 = −2
Termina en −2.

Aquí están los detalles de la ruta de la cangurita en la última hoja de trabajo. ¿Dónde termina ella? Resuélvelo como un problema largo de sumas con números positivos y negativos:

Adelante 5 brincos, atrás 7 brincos, adelante 3 brincos, atrás 5 brincos, adelante 1 brinco, atrás 2 brincos, adelante 6 brincos.

3. Sumar:

   a) +367 + −445 =
   b) −45 + −336 =

## Unidad I: Números negativos

   c) −714 + +224 =
   d) +216 + +213 =

4. Sumar o restar, según lo indicado:

   a) +3 − −2 =
   b) +426 − −836 =
   c) +913 + −16 =
   d) −444 − +64 =

# Respuestas

## Hoja de trabajo 1

1. +1

2. a) −9
   b) −8
   c) −9
   d) −3
   e) −3
   f) −8
   g) +1
   h) +5

3. a) −3673
   b) +426
   c) −4
   d) +403

## Hoja de trabajo 2

1. a. −3 − +4 = −7 (*Más un menos* es lo mismo que *menos un más*).
   b. 6 − −3 = 6 + 3 = 9
   c. −5 − +4 = −5 + −4 = −9
   d. 6 − −5 = 6 + 5 = 11

2. a. +5 − 7 + 3 − 5 + 1 − 2 + 6 =
   5 + 3 + 1 + 6 = 15; −7 − 5 − 2 = −14; 15 − 14 = +1

# Unidad I: Números negativos

3. 
   a) −78
   b) −381
   c) −490
   d) +429

4. 
   a) +5
   b) +1262
   c) +897
   d) −508

## Multiplicar y dividir con números negativos

Los canguros habían bajado al Lago de los dragones para contarles sobre los números negativos. —Son geniales—, los canguros dijeron a los dragones.

—No estoy convencido de eso— dijo un joven dragón, uno muy grande que se llama Buzz. —Según lo que me han enseñado, estos números negativos se tratan de unos canguros que brincan para adelante y para atrás en una recta numérica, y ¿qué chiste tiene? Yo les puedo hacer brincar más lejos si les rujo fuerte, y no volverían para atrás muy pronto tampoco.—

# Unidad I: Números negativos

–No rujas.– Dijo su madre, viéndose un poco nerviosa. –Hemos tenido bastantes de tus rugidos.– Volvió a pulir sus escamas.

–Y además,– continuo el dragón (pero no rugió) –¿para qué sirven estos números negativos? ¿Solamente van para adelante, para atrás en sumas y restas, o pueden hacer otras operaciones, como también multiplicar y dividir?–

Los canguros habían estado muy ocupados practicando con las hojas de trabajo para pensar en esto, pero afortunadamente el Oso les había seguido al Lago para echar un chapuzón.

–Sí, se puede,– dijo el Oso. –De hecho, estas operaciones son más fáciles. Multiplicar y dividir con números negativos es lo mismo que multiplicar y dividir con otros números, salvo los signos, y la regla para los signos es la cosa más fácil del mundo:

Paso importante del Oso

**Si los signos son iguales, el resultado es positivo. Si los signos son diferentes, el resultado es negativo.**

Es decir:

$$+ \times + = +$$
$$- \times - = +$$
$$- \times + = -$$
$$+ \times - = -$$

También:

$$+ \div + = +$$
$$- \div - = +$$
$$+ \div - = -$$
$$- \div + = -$$

–¡Cómo!– dijeron los canguros, –¿Es tan simple?–

—Sí—, dijo el Oso, —pueden hacer todas las multiplicaciones y divisiones con solamente esta regla. Algunas son obvias y otras no lo son, pero no importa, los hacen igual.— El Oso enseñó unos ejemplos.

Dijo que es obvio que cuando se multiplican o se dividen números positivos, el resultado es positivo. +3 × +5 = +15. También es obvio que si multiplicas −3 × +5; por ejemplo, si Paratrás hace 3 brincos para atrás en 5 ocasiones, el resultado va a ser aún más negativo.

$$-3 \times +5 = -15.$$

Es verdad pero menos obvio que −5 × −3 = +15. Se ve más claramente en el caso de divisiones, porque son razones. La relación de un número con el otro es lo que importa.

−8 ÷ −8 es +1, porque los dos números son idénticos. −8 ÷ −2 es +4, porque uno es 4 veces el otro. Pero las dos operaciones están relacionadas:

$$-2 \times +4 = -8.$$

−8 ÷ +8 es −1, porque los números no son iguales, difieren en sus signos. Y para verificar, vemos que +8 × −1 = −8.

El Oso prometió a los canguros y los dragones que se les haría más simple todo esto al practicar con los números negativos en las hojas de trabajo. —No importa si les parece obvio o no;— dijo el Oso, —acuérdense de mi Paso del Oso y lo harán correcto siempre.—

# Notas

# Hoja de trabajo 1:
## Multiplicar y dividir con números negativos

1. Al canguro Paratrás le gusta el número 7, así que brinca para atrás en grupos de siete cada vez que puede. Brincó 12 grupos de 7 el otro día antes de topar con un árbol. ¿Dónde terminó en la recta numérica? ¿Qué operación realizaste?

2. Si un día encontramos a Paratrás en el punto −63, ¿cuántos grupos de 7 brincos puede haber dado después de salir de la casa? Cuando escribes la operación, ¿qué signo das al 7?

3. Dividir:
    a) −5 ÷ −1 =
    b) −35 ÷ +5 =
    c) +48 ÷ −8 =
    d) −777 ÷ +7 =
    e) −64 ÷ −8 =
    f) +49 ÷ −7 =
    g) −33 ÷ −3 =
    h) +24 ÷ −8 =
    i) −45 ÷ −9 =

4. Multiplicar:
   a) $+34 \times -2 =$
   b) $-34 \times +2 =$
   c) $+31 \times -3 =$
   d) $-4 \times +6 =$
   e) $-31 \times -10 =$
   f) $+24 \times +3 =$
   g) $+19 \times -2 =$

5. Supongamos que tienes un problema muy largo, como:

   $+6 \times -8 \times -3 \times -2 \times +5 \times -3 \times -1 \times +4 =$

   (No debes efectuar esta multiplicación.) ¿Cómo vas a saber el signo del resultado?

   Cuenta los factores negativos. ¿El número es par o impar?

   Si es par, el resultado es positivo. Si es impar, el resultado es negativo.

   Si es par, se podrían agrupar los factores en multiplicaciones de dos factores, cada vez un menos por un menos, que es positivo, así que el total es positivo. Si es impar, siempre sobraría un menos, así que el resultado es negativo.

   En el ejemplo, hay 5 factores negativos, $-8, -3, -2, -3$ y $-1$. Como 5 es un número impar, el resultado final es negativo.

   ¿Cuáles serían los signos de los resultados de estos problemas largos? (No efectúes la multiplicación.)

   a) $-44 \times +3 \times +5 \times -1 \times +66 \times +23 \times +21 \times -60 =$
   b) $+2 \times -35 \times +44 \times -31 \times +2356 \times -1001 \times +4 =$
   c) $-21 \times +21 \times -21 \times +21 \times -21 \times +21 \times -21 \times +21 \times -21 \times +21 =$
   d) $+1 \times +234 \times -31 \times -24 \times +54 \times -44 \times +6234 \times -22 \times +31 =$

Unidad I: Números negativos

# Hoja de trabajo 2

## Repaso global de números negativos

1. Sumar:

   a) +5 + −8 =
   b) +9 + −4 =
   c) −1 + −6 =
   d) +6 + +3 =

   **Problemas más largos**. Puedes calcular la respuesta con la recta numérica o hacerlo así: haz dos sumas por separado: de los números positivos y de los números negativos. Finalmente, junta las dos sumas, respetando sus signos respectivos, y súmalas.

   e) +3 − 4 + 1 − 5 =
   f) +2 + 6 − 1 − 5 − 9 =

2. Restar:

   a) +3 − −3 =
   b) +4 − +3 =
   c) −4 − −2 =
   d) −7 − +3 =

3. Multiplicar:

    a) −3 × −7 =
    b) 7 × +6 =
    c) −34 × +5 =
    d) +42 × −6 =

4. Dividir:

    a) −72 ÷ +8 =
    b) +81 ÷ −9 =
    c) −33 ÷ −11 =
    e) −14 ÷ −2 =
    f) +36 ÷ −36 =

Pronóstico del Oso

**Si puedes resolver los problemas en esta hoja de trabajo, cuando empieces a resolver ecuaciones en álgebra, te resultarán fáciles.**

# Hoja de respuestas, hojas de trabajo 1 y 2, Multiplicar y dividir con números negativos

## Hoja de trabajo I

1. −84; 12 × −7

2. 9; −63 ÷ −7

3. a. +5
   b. −7
   c. −6
   d. −111
   e. +8
   f. −7
   g. +11
   h. −3
   i. +5

4. a. −68
   b. −68
   c. −93
   d. −24
   e. +310
   f. +72
   g. −38

5. a. negativo
   b. negativo
   c. negativo
   d. positivo

# Hoja de trabajo 2

1. 
   a. − 3
   b. + 5
   c. − 7
   d. + 9
   e. − 5
   f. − 7

2. 
   a. + 6
   b. + 1
   c. − 2
   d. − 10

3. 
   a. + 21
   b. + 42
   c. − 170
   d. − 252

4. 
   a. − 9
   b. − 9
   c. + 3
   d. + 7
   e. − 1

# UNIDAD 2

# Coordenadas cartesianas

**Unidad 2: Coordenadas cartesanias**

# Un mapa del bosque: coordenadas cartesianas

El bosque de Péxeps es bastante espeso, sobre todo en ciertos lugares, y no es fácil ver a dónde vas. En un tiempo había una serie de accidentes por los cuales algunos habitantes del bosque no llegaron donde querían ir. Un dragón que planeaba aterrizar en un campo de margaritas, bajó sobre una mata de espinas. Péxeps pasó todo un día abriéndose paso hasta lo que creyó que era una huerta de frutales, y resultó que conducía a la guarida de un león muy gruñón. Un día de mucho calor, una zorrilla llegó a la casa de Péxeps, pensando que iba a nadar en la presa de los castores en el Gran Río Gordo. Las cosas definitivamente no andaban bien.

—No sabemos a dónde vamos —dijo un búho sabio cuya sobrina acababa de perderse sin esperanzas al tratar de visitarlo.— Necesitamos una manera de identificar dónde estamos. Necesitamos un mapa.

El Oso, que realmente es un buen matemático, tuvo una idea. Dijo que iba a crear una cuadrícula imaginaria que abarcara todo el bosque. Escogería dos líneas perpendiculares para ser el eje X y el eje Y, y después todos los lugares en todo el bosque tendrían dos números especiales propios que describirían su relación con estas líneas. Enseñaría a todos cómo hacerlo. La cuadrícula se vería así:

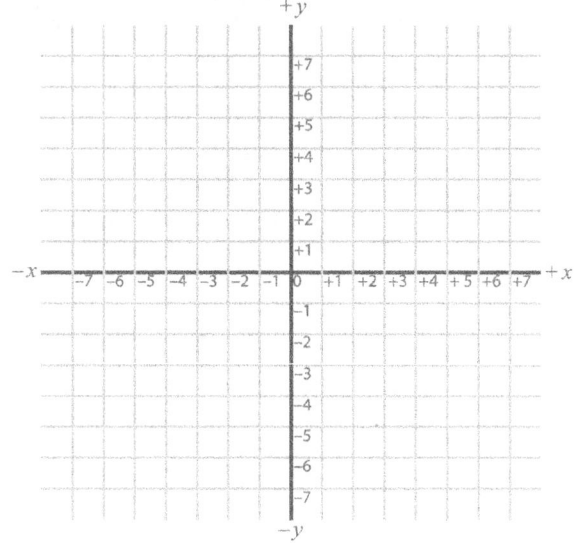

Aunque no creía que el lago de los dragones fuera el centro del universo, lo que todos los dragones creían con firmeza, el Oso consintió en fijar el punto (0,0), el lugar donde los ejes se cruzan, en el lago de los dragones. Después escogió ejes X y Y usando unos árboles en el borde del lago en sus cuatro extremos. Los marcó con cuidado, dos con X:+ X y − X, así como dos con Y: + Y y −Y, así que nadie podría olvidarlos. Después hizo un diagrama de todo el bosque sobre un papel. Los números en su mapa representan brincos de canguro, lo que naturalmente hizo mucha ilusión a los canguros.

Dijo, —ahora todos tienen una dirección perfecta. Todos viven en un lugar que está a cierto número de brincos de canguro a lo largo del eje X, cruzando con un cierto número de brincos de canguro a lo largo del eje Y. Hay que contar bien y así resultará tu dirección, y tus amigos te podrán encontrar, no importa si te han visitado en el pasado o no. —Enseñó varios ejemplos:

**Unidad 2: Coordenadas cartesanias**

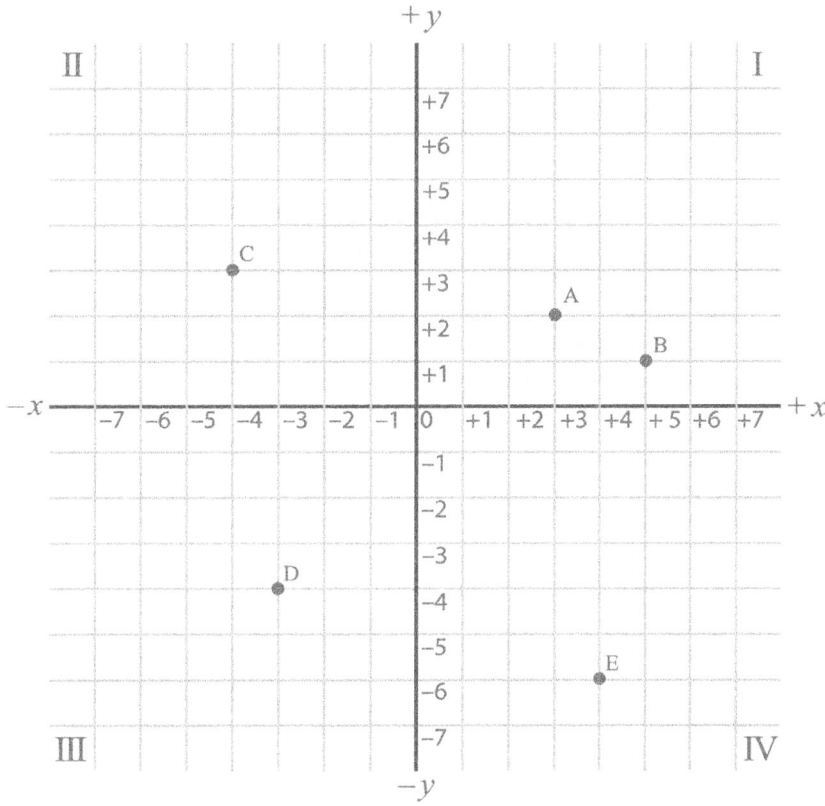

**Punto A**: + 3 a lo largo del eje X, + 2 a lo largo del eje Y. Se escribe así: (3, 2). El punto X siempre viene primero.

**Punto B**: + 5 a lo largo del eje X, +1 a lo largo del eje Y: (5, 1).

**Punto C**: Algunos tienen números negativos en su dirección. Una marmota que vive en el punto C tiene la dirección (–4, 3).

**Punto D**: La cerda que vive en D tiene dos números negativos en su dirección: (–3, –4).

**Punto E**: (+4,–6) La dirección de una tortuga.

–Es interesante –dijo un zorro que estudiaba el diagrama del Oso.– (4, 4) y (–4, –4) suenan parecidos, pero no están muy cercanos el uno del otro.

—No, no lo están –dijo el Oso.– Están en diferentes vecindarios o *cuadrantes*. En este mapa hay cuatro cuadrantes designados como **I**, **II**, **III** y **IV**.

Todos los animales estaban intentando identificar sus casas y sus vecindarios en el mapa. El Oso ayudó a algunos. Péxeps ayudó a otros, y un canguro listo ayudó a los más confundidos. Muchos de sus problemas están en las hojas de trabajo. Muchos tuvieron problemas con las nuevas palabras como **eje**, así que el Oso prometió poner un recordatorio especial de vocabulario al final de este capítulo.

Según su vecindad, las direcciones de los animales tuvieron dos números positivos, un número positivo y un negativo, o dos números negativos. Si ves la cuadrícula, vas a saber por qué.

Para cualquier dirección en el **Cuadrante I**, se va en sentido positivo en el eje X, a la derecha, y también en sentido positivo en el eje Y, hacia arriba. El **Cuadrante I** es el único que tiene dos números positivos o *coordenadas*.

En el **Cuadrante II**, el primer número, el X, será negativo, porque vas a la izquierda del punto 0, pero el segundo número será positivo, porque vas a ir para arriba.

En el **Cuadrante III**, ambos números son negativos. Vas a la izquierda, sentido negativo del X, y para abajo, sentido negativo del Y. Esto les pareció muy interesante a algunos animales, que querían una dirección en el **Cuadrante III**.

En el **Cuadrante IV**, el primer número es positivo porque vas a la derecha, pero el segundo es negativo, porque vas para abajo.

## Unidad 2: Coordenadas cartesanias

Estas direcciones se llaman **coordenadas cartesianas**. Son muy divertidas. Antes de que vayas a las hojas de trabajo, el Oso quiere recordarte algo muy importante sobre ellas.

> Paso importante del Oso
>
> **¡El número ubicado en el eje X siempre va primero!**

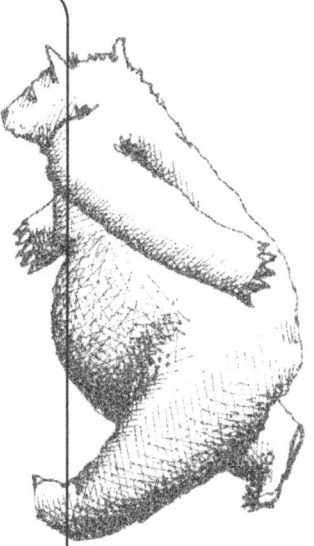

### Vocabulario osuno

**Eje** (plural **ejes**). Éstas son líneas imaginarias muy importantes. Un eje nos muestra dónde está 0. En mapas con coordenadas hay un **eje X**, que divide el mapa en la mitad de arriba y la mitad de abajo. A lo largo de esta línea, Y es 0. También hay un **eje Y**, que divide el mapa en la mitad de la izquierda y la mitad de la derecha. A lo largo de esta línea, X es 0.

**Coordenadas o coordenadas cartesianas.** Son pares de dos números, escritos entre paréntesis para mantenerlos juntos. No tienen sentido solos, pero juntos indican dónde se encuentra cualquier punto. El primer número es la **coordenada X**, que indica cuánto a la izquierda o a la derecha se encuentra el punto. El segundo número es la **coordenada Y**, que indica cuánto se encuentra para arriba o para abajo.

**Cuadrantes.** En mapas de coordenadas, hay cuatro vecindarios llamados **cuadrantes**, que son las áreas que los ejes dividen una de otra. Es difícil explicar cuál es cuál pero es fácil verlo en el mapa.

**Unidad 2: Coordenadas cartesanias**

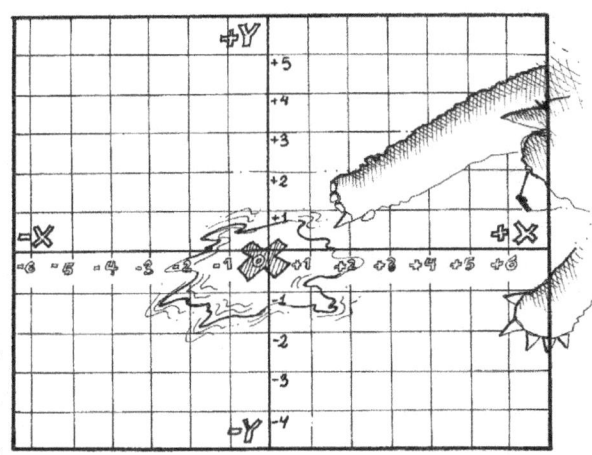

# Hoja de trabajo
# Coordenadas cartesianas

Estas direcciones requieren dos números; un punto en la recta numérica requiere solamente uno. Esto es porque las coordenadas cartesianas identifican puntos en un plano, que tiene dos dimensiones o dos ejes. La recta numérica tiene solamente una dimensión; no tiene un "para arriba" y "para abajo".

1. Pon estos puntos en el mapa:

    A: (–6, –2)
    B: (2, 0)
    C: (0, –2)
    D: (3, 5)
    E: (–3, 4)

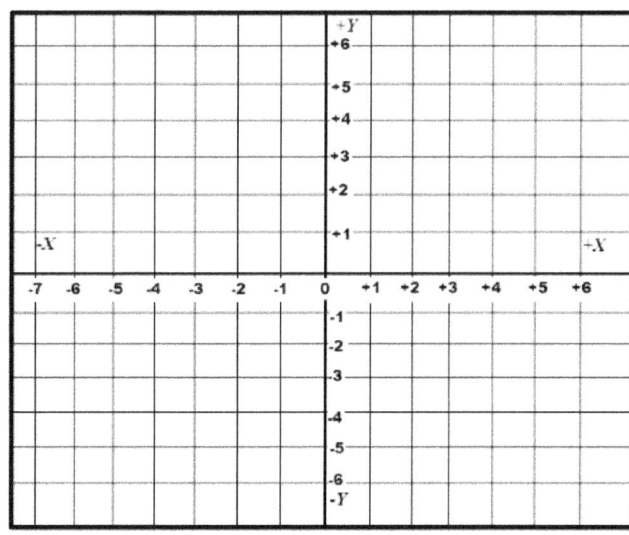

47

2. Identifica las coordenadas de estos puntos:

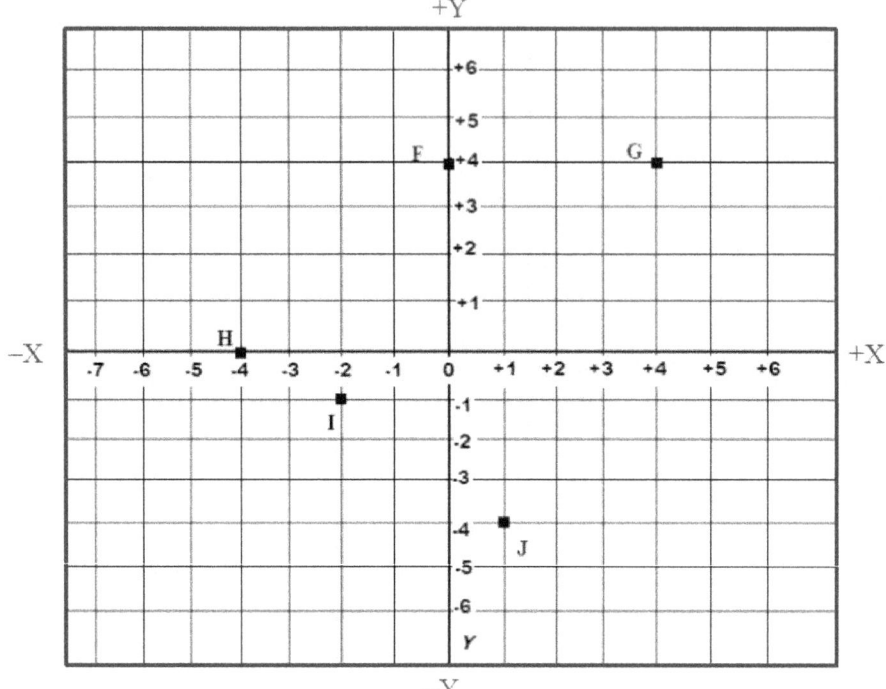

F: ( , )
G ( , )
H: ( , )
I: ( , )
J: ( , )

**Unidad 2: Coordenadas cartesanias**

3. Hay una vereda en el bosque que sigue casi perfectamente donde X = +5. Indica la vereda en el mapa.

4. El lago de los dragones está en el punto (0, 0) y la casa de Péxeps está en el punto G. ¿Cuán lejos en el sentido X debe volar un dragón para llegar a la casa de Péxeps? ¿Cuán lejos debe volar en el sentido Y? ¿En sentido positivo o negativo?

5. a) Una casa que está en el eje X siempre tendrá un 0 en su dirección. ¿Qué número de coordenada será 0, el primero o el segundo? (¡Cuidado! Dibuja un hogar en el eje; ¿cuáles son sus coordenadas?)

   b) Una casa en el eje Y también tendrá 0 en su dirección. ¿Cuál número, el primero o el segundo? (Dibuja un hogar en el eje. ¿Cuáles son sus coordenadas?)

   c) Una pequeña zorra que se llama Pelusa vive en (−6, 0). ¿Sobre qué eje vive?

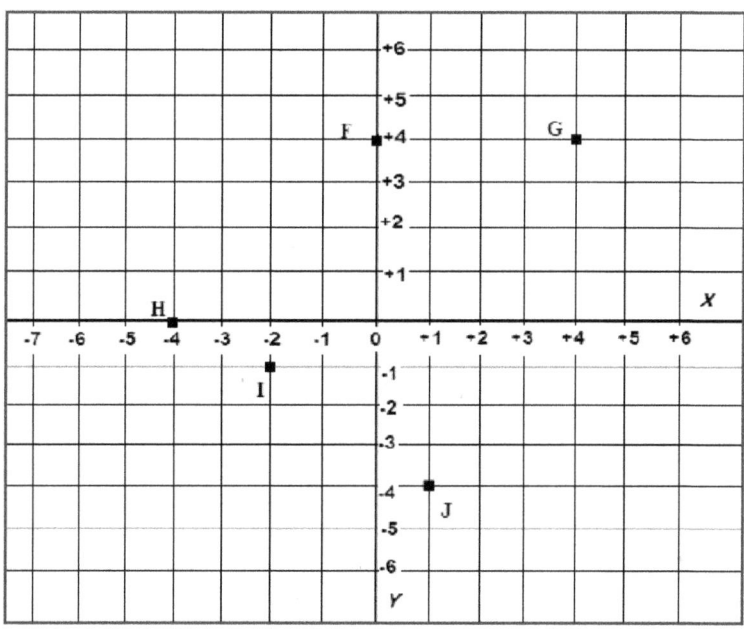

6. a) Dos casas están en (3, −6) y (−2, 1). ¿En qué cuadrante está (3, −6)? ¿En qué cuadrante está (−2, 1)?

b) ¿Cuán lejos debe caminar una joven ardilla en el sentido X para llegar de (3, −6) a (−2, 1)? ¿En sentido positivo o negativo?

Si hay una vereda recta entre los dos puntos, la distancia entre ellos será más corta que la suma de las distancias X y Y. Pronto vas a aprender a calcularla exactamente. Por ahora, puedes sumar las distancias X y Y y restar un poco para estimar la distancia entre las casas. Este procedimiento es real de todos modos, porque muchas veces no hay una vereda perfectamente recta entre dos casas.

7. ¿Cuál de estos es un buen cálculo aproximado de la distancia entre estas dos casas, (3, -6) y (-2,1)?

a) 9 brincos de canguro
b) 7 brincos
c) 15 brincos
d) 13 brincos

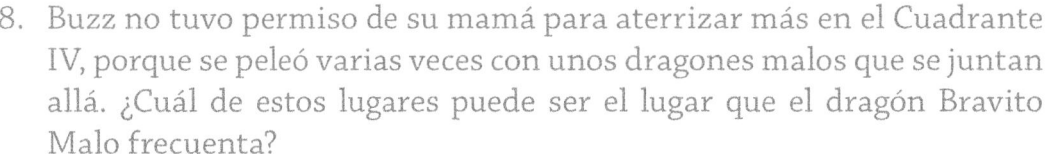

8. Buzz no tuvo permiso de su mamá para aterrizar más en el Cuadrante IV, porque se peleó varias veces con unos dragones malos que se juntan allá. ¿Cuál de estos lugares puede ser el lugar que el dragón Bravito Malo frecuenta?

a) (−3, −6)
b) (3, −5)
c) (2, 3)
d) (−4, 2)

# Respuestas

## Hoja de trabajo

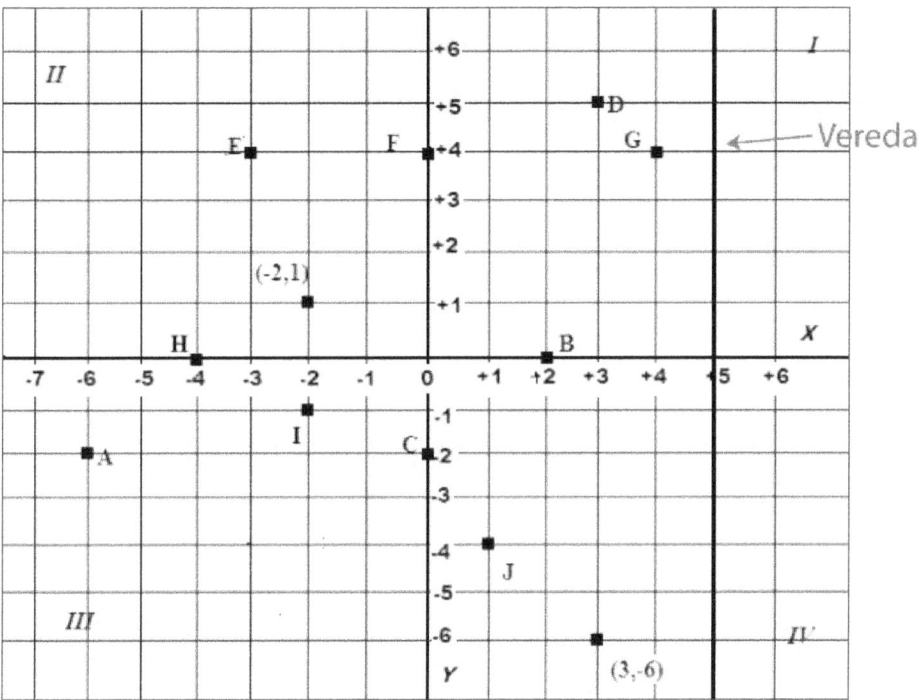

1. A, B, C, D, E. Mira el mapa.

2. F) (0, +4)
   G) (+4, +4)
   H) (−4, 0)
   I) (−2, −1)
   J) (1, −4)

3. Mira el mapa, la vereda es más oscura.

4. 4 brincos de canguro en dirección X positiva, 4 brincos de canguro en dirección Y positiva. Un dragón que visita a Péxeps puede volar

directamente, en una diagonal de (0, 0) a (4, 4), así que volará un total de menos de 8 unidades. Se ve que la distancia es de alrededor de 6 brincos, pero para calcular la diagonal exactamente, hay que saber raíces cuadradas, tema que no se incluye en este libro.

5. a) El segundo número siempre es 0.
   b) El primer número siempre es 0.
   c) Vive en el eje X.

6. a) (3, –6) está en cuadrante IV.
      (–2, 1) está en cuadrante II.
   b) La ardilla debe caminar 5 brincos de canguro en dirección X negatica y 7 brincos en dirección Y positiva.

7. b) Su camino será menos de 12 saltos de longitud, y ciertamente más de 7, porque va solo 7 unidades en la dirección y. La única respuesta razonable es a.

8. b) B es posible.

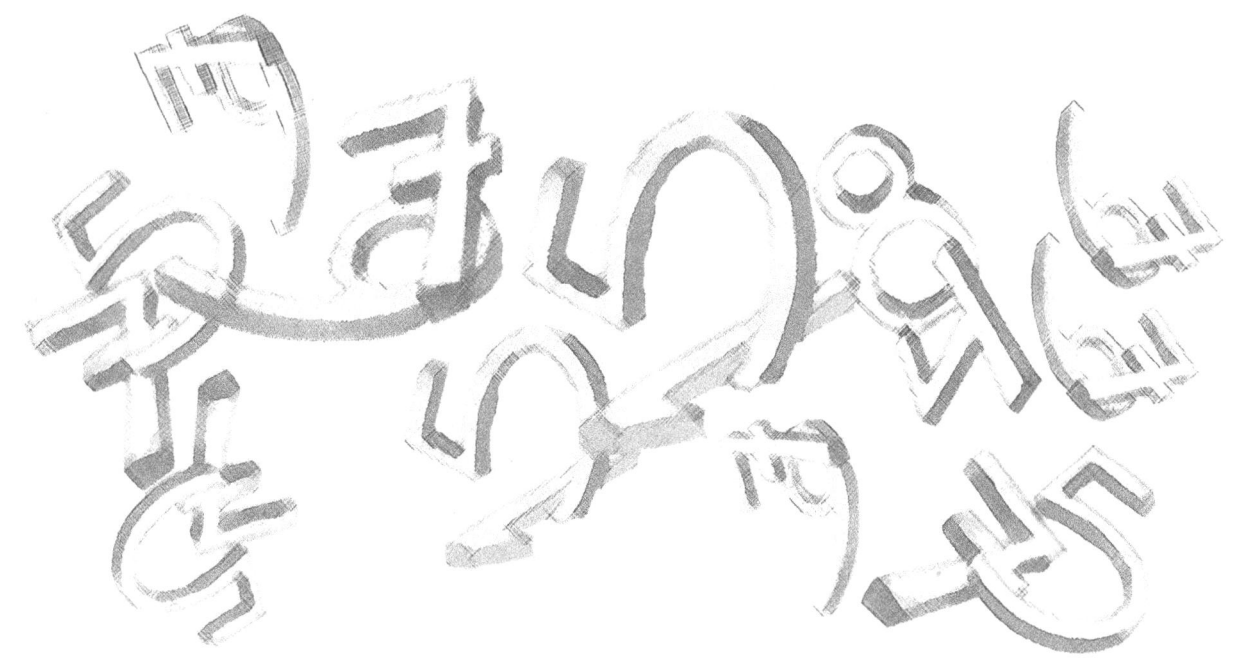

# UNIDAD 3

Exponentes y potencias de 10

# Unidad 3: Exponentes y notación científica

## Conejos y exponentes

Una coneja vieja siempre hablaba de sus nietos, bisnietos y tataranietos.

—Hay 256 de ellos —dijo Abuelita Conejita—, y me dan tanta satisfacción.

—Tuve 4 conejitos. Cada uno tuvo cuatro conejitos. Entonces mis 16 nietos también tuvieron cuatro conejitos, así tuve 64 bisnietos. Los bisnietos hicieron lo mismo, entonces ahora tengo 256 tataranietos, cada uno más adorable que el otro.—

Abuelita Conejita había venido a la casa de Péxeps para desayunar, allí Péxeps hacía 30 hotcakes para el Oso, 3 para sí mismo y un hotcake y una taza de té de trébol para Abuelita Conejita.

—Sólo me preocupa algo del futuro –le dijo al Oso–, ¿cuántos conejitos habrá en 6 generaciones más? Los números serán muy difíciles de manejar. Unas generaciones más y los números no cabrán en mi papel.

—Ah, sí –respondió el Oso.– Conozco bien este problema por mi negocio de abejas. Usted sabe que crío abejas. Hay varios miles de abejas en cada colmena, y tengo muchas colmenas. Estos números grandes son un problema grande. Se salen de la hoja y pues, ¿cómo voy a compararlos debidamente? Tengo que tomar decisiones importantes sobre mis abejas, así que he tenido que usar otras maneras de pensar y escribir en números grandes. A lo mejor estas maneras le ayudarán a usted también.

—¡Oh, por favor!– dijo la coneja y se mudó hasta donde el Oso había sacado papel y lápiz.

—Creo que necesita **exponentes** –dijo el Oso.– Me parece que su familia crece en **potencias** o **exponentes** de 4 (estas palabras tienen el mismo significado). Había 4 hijos, después 4 × 4 nietos, después 4 × 4 × 4 bisnietos, después 4 × 4 × 4 × 4 tataranietos. Con cada generación de conejos, el número se multiplica por 4. En algunas generaciones más, será un gran problema, como:

4 × 4 × 4 × 4 × 4 × 4 × 4 × 4 × 4 × 4 × 4 × 4 × 4 × 4 × 4 × 4 × 4 × 4 × 4 × 4 × 4 × 4

Y si calculara la respuesta, aquel número sería peor aún.

—Pero hay una manera fácil de hacerlo, usando **exponentes**. El número que acabo de escribir, que son 22 generaciones de conejos, se podría escribir así: $4^{22}$. Querría decir la generación número 22 de su familia, empezando con sus hijos, que son el primer 4. La próxima generación que sigue sería $4^{23}$. Así podría saber a qué generación se refiere muy rápido, y no tendría que tratar de contar un número tan complicado.

# Unidad 3: Exponentes y notación científica

—Excelente —dijo Abuelita Conejita.— Podría dejar un recado cuando muera para la generación 36 y todos entenderían para quiénes es. Puede ser que tenga algo importante de sabiduría de conejos para dejarles. Veo que con los exponentes, con cada generación, en vez de multiplicar por 4, se agrega 1 al exponente.

—Pero no tienen que ser potencias de 4—, añadió el Oso. —Se pueden usar exponentes con cualquier número **base**, que es como se llama el número que tiene el exponente arriba. Por ejemplo:

$$2 \times 2 = 2^2$$

$$7 \times 7 \times 7 = 7^3$$

—A veces es más fácil trabajar con exponentes. Los números con diferentes exponentes no se pueden sumar o restar de esa forma. 22 y 23 son como manzanas y naranjas, en cuanto a sumar, pero se multiplican y dividen tal y como son, y esto puede ser muy conveniente.

—Déjeme enseñarle. Ya vimos que cada generación de conejos sumó 1 al exponente. Cuando todos los $4^{22}$ han tenido sus 4 hijos, habrá $4^{23}$ conejos. Lo podemos escribir:

$$4^{22} \times 4^1 = 4^{23}$$

—¿Qué es este $4^1$? —preguntó Abuelita Conejita.

—Cualquier número a la potencia 1 es sí mismo; $8^1 = 8$, por ejemplo. Es porque no se multiplica por sí mismo, se multiplica una sola vez. Cuando el 4 en este problema de su familia se escribe $4^1$, es más fácil ver cómo sumar los exponentes.

Abuelita Conejita escribió su propio ejemplo:

—Mis bisnietos son $4^3$. Para calcular mis tataranietos, escribimos:

$$4^3 \times 4^1 = 4^4$$

—Muy bien —dijo el Oso.— Así se realizan otras operaciones también. No solamente se multiplica de esta forma por la base, es decir, agregando 1 al exponente. Se pueden multiplicar dos números cualesquiera con la misma base sumando sus exponentes:

$$3^3 \times 3^4 = 3^7$$

—También se pueden dividir restando los exponentes:

$$3^7 \div 3^3 = 3^4$$

El Oso tuvo mucho más para decir a Abuelita Conejita, sobre todo de las matemáticas relacionadas con su negocio de abejas, pero Péxeps dijo que era tiempo de desayunar. Abuelita Conejita dijo también que necesitaba una oportunidad para practicar. Asimismo, aseguró —ya aprendí a escribir números con exponentes, y a multiplicarlos y dividirlos. Es mucho. Necesito trabajar con ellos ahora.

—No sirve aprender demasiadas cosas a la vez —Péxeps recordó a su amigo el Oso, que estaba untando sus 30 hotcakes generosamente con la mejor miel que había traído para este propósito.

—¿No quiere un poco de esta miel para su hotcake, Abuelita Conejita? —preguntó el Oso. No fue fácil entenderle porque ya tenía muchos de ellos en la boca.

# Notas

## Hoja de trabajo 1
## Exponentes

1. En una familia de jirafas, siempre nacieron gemelos. ¿Cómo podría la Abuelita Jirafa escribir el número de sus tataranietos? Escríbelo como producto normal (multiplicación), como número con exponente, y calcula cuántas jirafitas son.

2. Calcula los tatara-tataranietos de la Abuelita Jirafa. Escríbelo con exponente, después como multiplicaciones, después calcúlalo. ¿Cuántas jirafitas son?

3. Escribe las respuestas a estas multiplicaciones como números con exponentes. No debes calcular las respuestas:

   a) $6^2 \times 6^3 =$
   b) $9^6 \times 9^7 =$
   c) $8^1 \times 8^8 =$

4. **Parte A**. Escribe las respuestas a estas divisiones como números con exponentes. No debes calcular las respuestas.

   a) $7^9 \div 7^7 =$
   b) $33^4 \div 33^2 =$
   c) $4^9 \div 4^5 =$

   **Parte B**. Escribe las respuestas a la Parte A como multiplicaciones. No debes realizarlos ahora, sólo muestra cómo calcularías las respuestas a esas divisiones.

   a)
   b)
   c)

   **Parte C**. Calcula la respuesta a la pregunta a) de la parte B.

   a)

# Hoja de trabajo 2
## Exponentes

1. Calcula:

   a) $3^2 =$
   b) $5^3 =$
   c) $2^5 =$
   d) $12^1 =$

2. ¿Cuáles son correctos? (Algunos pueden tener más de una respuesta correcta).

   a) $49 =$
   $3^6 \quad 2^7 \quad 2^6 \quad 7^2$

b) 25 =
$5^2$   $5^5$   $3^5$   $6^2$

c) 27 =
$3^3$   $9^3$   $3^7$   $2^6$

d) 16 =
$4^2$   $2^4$   $8^2$   $4^4$

e) 81 =
$9^2$   $8^3$   $3^4$   $9^9$

3. Multiplicar. Escribe como número con exponente las siguientes operaciones y después calcula la respuesta:

a) $2^2 \times 2^3 =$
b) $3^2 \times 3^3 =$
c) $4^2 \times 4^1 =$

4. Realiza las divisiones y calcula la respuesta:

a) $6^5 \div 6^3 =$
b) $5^7 \div 5^6 =$
c) $3^9 \div 3^6 =$

5. Supón que en la familia de Abuelita Conejita, todos tuvieran 5 conejitos en vez de 4. ¿Cuántos nietos tendría ella? ¿Cómo se escribiría sus tataranietos en forma de exponente? (No debes calcular este número.)

# Respuestas

## Hoja de trabajo 1

1. $2 \times 2 \times 2 \times 2 = 2^4 = 16$ jirafitas. El **número base** es 2 en vez de 4.

2. $2^6 = 2 \times 2 \times 2 \times 2 \times 2 \times 2 = 64$ jirafitas.

3. a) $6^5$
   b) $9^{13}$
   c) $8^9$

4. Parte A

   a) $7^2$
   b) $33^2$
   c) $4^4$

   Parte B

   a) $7 \times 7$
   b) $33 \times 33$
   c) $4 \times 4 \times 4 \times 4$

   Parte C

   a) 49

## Hoja de trabajo 2

1. a) 9
   b) 125
   c) 32
   d) 12

2. 
   a) $7^2$
   b) $5^2$
   c) $3^3$
   d) ambos $4^2$ y $2^4$
   e) $9^2$ y $3^4$

3. 
   a) $2^5 = 32$
   b) $3^5 = 243$
   c) $4^3 = 64$

4. 
   a) $6^2 = 36$
   b) $5^1 = 5$
   c) $3^3 = 27$

5. $5^2 = 25$ nietos; $5^4$ tataranietos.

Unidad 3: Exponentes y notación científica

## El oso habla de abejas: exponentes con base 10

Para sorpresa de Péxeps y el Oso, aun después de que Abuelita Conejita terminó las hojas de trabajo (el Oso dijo que ella las había hecho muy bien), ésta no regresó a casa. Ni Péxeps ni el Oso entendieron por qué, pero no querían parecer groseros. Finalmente, Péxeps dijo –¿Abuelita Conejita, no debe regresar a casa con su familia? ¿No debe elaborar pasteles de cumpleaños o algo por el estilo?

–Todavía no –dijo.– Creo que el Oso tiene más para decirme. Hay muchos números grandes, no solamente de conejitos. Ya mencionó las abejas.–

—¡Ah, en ese caso! —dijo el Oso. Estuvo muy agradecido.— Cuando hablamos de su familia, usamos el número base 4, pero hay otro número base que es aún más importante. El 10. Querría decirle sobre las potencias de 10 y cuán útiles son en la apicultura, y en muchos otros campos también.

—Como nuestro sistema de números se basa en 10, el número 10 tiene muchas ventajas. Mira lo que pasa cuando 10 se multiplica por sí mismo diferentes números de veces:

$$10 \times 10 = 100$$
$$10 \times 10 \times 10 = 1000$$
$$10 \times 10 \times 10 \times 10 = 10000$$

—Escritos con exponentes, tenemos:

$$10^2 = 100$$
$$10^3 = 1000$$
$$10^4 = 10000$$

—Cada vez que 10 se multiplica por sí mismo, se agrega otro 0 al número. Así, calcular el número es muy fácil. ¿Recuerda cómo es multiplicar por 4 muchas veces? Pues, con 10 es muy diferente, lo puede hacer mentalmente, sin lápiz. El número que resulta es 1 y después el número de ceros que el exponente indica.

—Pues —dijo Abuelita Conejita—, esto es muy fácil. Supongo que cualquier animal que tiene camadas de 10 tiene una gran ventaja, al menos para contar. De hecho, no puedo recomendar cuidar a 10 bebés a la vez.

—Y mire cómo sale la división —agregó el Oso:

$$10000 \div 10 = 1000$$
$$10000 \div 100 = 100$$
$$10000 \div 1000 = 10$$

Escritos con exponentes, son:

$$10^4 \div 10^1 = 10^3$$
$$10^4 \div 10^2 = 10^2$$
$$10^4 \div 10^3 = 10^1$$

–Es muy fácil –dijo Abuelita Conejita.– No necesito una hoja de trabajo para esto –como Péxeps estaba haciendo señas con una tetera, añadió–, sí, por favor, Péxeps, quiero otra taza de té de trébol.–

El Oso no hizo caso al té, porque las abejas son su tema favorito. –Los exponentes han cambiado tanto mi negocio de abejas, Abuelita Conejita. Antes tenía que escribir los números de mis abejas y realmente me confundía. Tengo miles de abejas ahora. Intentaba calcular cuántas abejas podría tener en algunas generaciones más. No solamente los números salían de mi papel, sino que no podía ver bien si había 13 o 15 ceros en la hoja... Me sentí como si fuera a hundirme en ceros.

–Ahora, con las potencias de 10, no solamente sé si son 13 o 15 los ceros, le puedo decir la relación entre estas dos potencias: una es 100 veces la otra.

–¿Es así? –dijo Abuelita Conejita con sorpresa.

–Así es –dijo el Oso.– La relación entre $10^{15}$ y $10^{13}$ es que el primero es $10^2$ veces el otro.

Los dividí y la respuesta fue $10^2$, o 100.

$$10^{15} \div 10^{13} = 10^2 = 10 \times 10 = 100$$

–Se ve muy raro –dijo Abuelita Conejita.– Se ve como si fueras restando, pero dices que los dividiste.–

–Así es, se ven como restas, pero, como son exponentes, son divisiones, –dijo el Oso.– Vamos a hacerlo como una división normal para que vea.

$$10{,}000{,}000{,}000{,}000 \overline{\smash{\big)}\,1{,}000{,}000{,}000{,}000{,}000}^{\;100}$$
$$\underline{1\,000\,000\,000\,000\,000}$$

—Cielos —dijo Abuelita Conejita.— Dividir por potencias de 10 es lo mismo que restar sus exponentes. Ahora que sé dividir usando exponentes de 10, apuesto que le puedo decir la relación entre dos números grandes en un minuto. Dame un ejemplo y te lo haré.

—Bueno —dijo el Oso— en una empresa de miel hay $10^5$ abejas y en otra empresa hay $10^4$ abejas. ¿Cuánto más grande es la primera empresa?

—10 veces más grande: $10^5 \div 10^4 = 10^1 = 10$ —dijo Abuelita Conejita.— Ese ejemplo es demasiado fácil.

—¡Ándale, Abuelita! —gritaron emocionados varios conejitos que escuchaban indiscretamente por la puerta. Algunos aplaudieron. Péxeps fue a la puerta y les dijo —Conejitos, no interrumpan a su abuelita, ni siquiera para enseñarle cuán orgullosos se sienten de ella —los conejos intentaron calmarse.

—Tengo una pregunta —dijo Abuelita Conejita.— Lo que me enseñaste es bueno cuando el número es una potencia exacta de 10. ¿Cómo se hace cuando tienes por ejemplo 2,000 abejas?

—Ajá —dijo el Oso.— Me ha pasado frecuentemente lo que usted dice. Raras veces tengo exactamente mil o 10 mil abejas. En el caso que menciona, tendría 2 veces $10^3$ abejas. Lo escribiría exactamente como lo dije:

$$2 \times 10^3$$

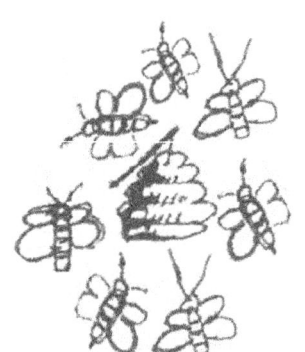

De hecho, esta forma de escribir los números es muy similar a la que se llama **notación científica**. Se usa en muchos campos de la ciencia donde hay números grandes, como la física, la astronomía, y, por supuesto (no todos lo mencionan aunque es muy, muy importante) en la apicultura.

# Unidad 3: Exponentes y notación científica

El exponente indica lo que se llama el **orden** del número, es decir, cuántos ceros tiene. Si el orden es muy grande, sé de inmediato que es inútil intentar escribirlo, porque seguramente saldría de la hoja. Por ejemplo, ni voy a intentar escribir $10^{3546}$. Lo dejaría con potencias de 10 si debo usarlo.

Los números antes del símbolo × son los números que aparecerán antes de los ceros al fin del número:

$$66 \times 10^7 = 660{,}000{,}000$$

Mire cuán fácil es multiplicar números escritos con potencias de 10. Primero, se multiplican los números al frente, después se suman los exponentes de los números 10.

$$4 \times 10^4 \times 3 \times 10^3 = 12 \times 10^7$$

Se pueden cambiar estos a números escritos de manera normal y multiplicarlos de manera normal si quiere. Así se podría comprobar que este procedimiento con notación científica le da el resultado correcto, pero así también tendría que manejar una enorme cantidad de ceros y apuesto a que no le gustaría.

—Claro que no— dijo Abuelita Conejita —Prefiero escribir $10^7$ que $10{,}000{,}000$. ¿Se pueden dividir números con potencias de 10 de la misma manera, es decir, dividir los primeros números y después restar los exponentes de los 10?—

—Sí, se puede —dijo el Oso y mostró un ejemplo:

$$8 \times 10^7 \div 4 \times 10^5 = 2 \times 10^2$$

—¡Qué sorpresa! —dijo Abuelita Conejita después de pensar un minuto.— La respuesta de este problema es nada más el ordinario y bien conocido 200. $2 \times 10^2$ son 200.

—Un dato más —dijo el Oso.— Si por casualidad hay un número que es una potencia exacta de 10, acuérdese que siempre se lo puede escribir como una vez por sí mismo. Por ejemplo:

$$10^3 = 1 \times 10^3$$

A veces, una multiplicación o división es más clara escrita así.

Para entonces había tantos conejos en la puerta buscando a su abuelita que Péxeps ya no los podía controlar, entonces él y el Oso decidieron invitarlos a todos a que entraran para hacer las hojas de trabajo sobre exponentes con potencias de 10. –Las matemáticas son para todos– dijo Péxeps, distribuyendo una hoja de trabajo a cada uno de los conejos ávidos, grandes y pequeños. Algunos de los pequeños intentaron comer su hoja de trabajo, pero la mayoría de los más grandes, sobre todo los que habían escuchado en la puerta mucho tiempo, sabían qué hacer.

# Notas

# Unidad 3: Exponentes y notación científica

## Hoja de trabajo 1
### Exponentes con base 10

1. Escribe estos números como potencias de 10.

    a) 10,000,000,000 =
    b) 100 =
    c) 1,000,000 =
    d) 10 =

2. Escribe los siguientes como números ordinarios.

   a) $10^7 =$
   b) $10^3 =$
   c) $10^{10} =$
   d) $10^1 =$

3. Escribe estos números también como números ordinarios.

   a) $36 \times 10^3 =$
   b) $45 \times 10^7 =$
   c) $2 \times 10^6 =$
   d) $99 \times 10^4 =$

4. a) Una colmena normal tiene 80,000 abejas obreras. Escribe este número con potencias de 10.
   b) Si el Oso tiene 10 colmenas, ¿cuántas obreras tiene? Resuélvelo como multiplicación con potencias de 10.

5. Escribe estos números con potencias de 10.

   a) 373,000,000,000 =
   b) 91,200 =
   c) 176,000 =
   d) 12,000,000,000,000,000 =

Unidad 3: Exponentes y notación científica

# Hoja de trabajo 2
## (un poco más difícil)
## Exponentes con base 10

1. Multiplica. Escribe tu respuesta con potencia de 10 y como número ordinario.

   a) $3 \times 10^3 \times 2 \times 10^2 =$
   b) $14 \times 10^7 \times 13 \times 10^1 =$

   Con los siguientes números prueba si puedes encontrar dos maneras, ambas con potencia de 10, para escribir la respuesta. ¿Las dos igualan al mismo número?

   Ejemplo: $50 \times 10^1 \times 2 \times 10^2 = 100 \times 10^3$. Ésta es la primera respuesta. Reescribe 100 como $10^2$; $10^2 \times 10^3 = 10^5$; $10^5$ es la segunda respuesta.

   c) $25 \times 10^2 \times 4 \times 10^4 =$
   d) $5 \times 10^3 \times 2 \times 10^5 =$

2. Divide. Escribe tu respuesta con potencia de 10 y como número ordinario.

   a) $5 \times 10^3 \div 1 \times 10^2 =$
   b) $6 \times 10^6 \div 2 \times 10^5 =$

c) $35 \times 10^7 \div 7 \times 10^4 =$

d) $99 \times 10^{99} \div 11 \times 10^{98} =$

3. a) La luz viaja a una velocidad de $3 \times 10^8$ metros por segundo. ¿Cuán lejos viaja en 10 segundos?

   b) ¿Cuán lejos viaja en 100 segundos (es decir, un minuto y 20 segundos)? Escribe tu respuesta con potencia de 10.

   c) ¿Cuán lejos viaja en 5 minutos (son 300 segundos)? Deja tu respuesta con potencia de 10. Una pista: primero escribe 300 segundos con potencia de 10, después multiplica.

4. a) El sonido viaja $34 \times 10^1$ metros por segundo. ¿Cuán lejos viaja en 100 segundos (un minuto y 20 segundos)? Escribe la respuesta con potencia de 10 y como un número ordinario.

   b) ¿Cuán lejos viaja en 5 minutos (300 segundos)? Escribe la respuesta con potencia de 10 y como número ordinario.

Unidad 3: Exponentes y notación científica

# Respuestas

## Hoja de trabajo 1

1. 
   a) $10^{10}$
   b) $10^2$
   c) $10^6$
   d) $10^1$

2. Las comas son opcionales. El Oso las recomienda porque hacen los números más fáciles de leer.

   a) 10,000,000
   b) 1,000
   c) 10,000,000,000
   d) 10

3. 
   a) 36,000
   b) 450,000,000
   c) 2,000,000
   d) 990,000

4. 
   a) $80,000 = 8 \times 10^4$
   b) $8 \times 10^4 \times 10^1 = 8 \times 10^5$

   También se puede escribir:

   $8 \times 10^4 \times 1 \times 10^1 = 8 \times 10^5$

   Son 800,000 obreras. No es para sorprendernos que haya tanta miel.

5. 
   a) $373 \times 10^9$
   b) $912 \times 10^2$
   c) $176 \times 10^3$
   d) $12 \times 10^{15}$

# Hoja de trabajo 2

1. 
   a) $6 \times 10^5 = 600{,}000$
   b) $182 \times 10^8 = 18{,}200{,}000{,}000$
   c) $100 \times 10^6 = 10^2 \times 10^6 = 10^8$
   d) $10 \times 10^8 = 10^1 \times 10^8 = 10^9$

2. 
   a) $5 \times 10^1 = 50$
   b) $3 \times 10^1 = 30$
   c) $5 \times 10^3 = 5{,}000$
   d) $9 \times 10^1 = 90$

3. 
   a) $3 \times 10^8 \times 1 \times 10^1 = 3 \times 10^9$ metros
   b) $3 \times 10^8 \times 1 \times 10^2 = 3 \times 10^{10}$ metros
   c) $3 \times 10^8 \times 3 \times 10^2 = 9 \times 10^{10}$ metros

4. 
   a) $34 \times 10^1 \times 1 \times 10^2 = 34 \times 10^3 = 34{,}000$ metros
   b) $34 \times 10^1 \times 3 \times 10^2 = 102 \times 10^3 = 102{,}000$ metros

# UNIDAD 4

## Fracciones

**Unidad 4: Fracciones**

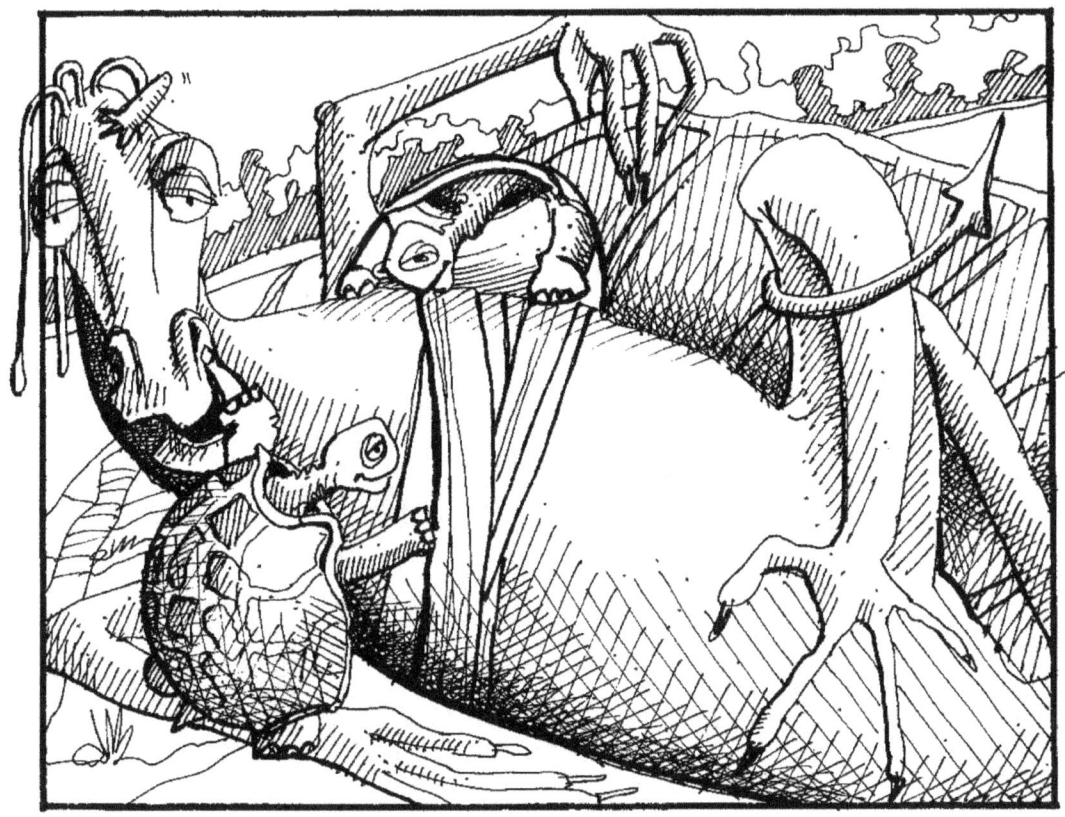

## De peleonero a asesor de matemáticas: fracciones propias e impropias

En el lago de los dragones había un gran alboroto. Buzz había llegado a casa en mala condición. Sus escamas estaban rasgadas en siete lugares, tenía un chichón enorme en la cabeza y su ala estaba sangrando.

Su madre y dos tortugas lo atendían con árnica, agua oxigenada y vendas. –Más peleas –exclamó su madre mientras dio unos toques a su cabeza con una hoja blanda.– Peleas y peleas y peleas.

–Muy fácil–, dijo Buzz, y lo enseñó así:

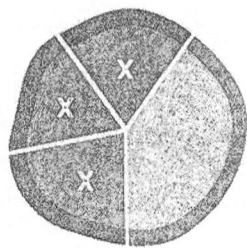

–Esto quizá no es difícil –dijo el Oso.– De todos modos, algunas operaciones con fracciones son de las más difíciles en matemáticas. Voy a enseñártelas, pero no las puedo hacer fáciles. De hecho, si me sigues bien, vas a terminar entendiendo por qué muchas personas usan otras técnicas para representar partes más pequeñas que un entero, como decimales y porcentajes. Voy a enseñarte las otras técnicas también.

–¿Qué hay de difícil con las fracciones? –preguntó Buzz.– Me parece que se tratan de:

$$\frac{1}{4}+\frac{1}{4}+\frac{1}{4}=\frac{3}{4}$$

y cosas semejantes.

–Sí, me diste un caso fácil –dijo el Oso.– Si todas las fracciones que debes tratar tienen el mismo denominador, es fácil. Puedes sumar los numeradores y ponerlos sobre el mismo denominador, como acabas de hacer. Pero aun así, a veces hay otros pasos. A veces el numerador es igual que el denominador, así:

$$\frac{4}{4} \text{ o aun } \frac{23}{23}$$

¿Entonces qué tenemos? ¿Qué tenemos cuando tenemos $\frac{3}{3}$ de un hotcake? ¿O $\frac{2}{2}$?

–Suma un hotcake entero, solamente cortado en pedazos –dijo Buzz.

## Unidad 4: Fracciones

—Sí, tenemos uno entero. Entonces:

$$\frac{3}{3}=1, \frac{23}{23}=1 \text{ y } \frac{21{,}345}{21{,}345}=1$$

—Ojalá nunca vea yo un hotcake cortado en 21,345 pedazos —comentó Buzz.

> **Paso importante del Oso**
>
> Cada vez que el numerador y el denominador sean el mismo número, no importa qué número es, la fracción es igual a 1.

—Cuando sumamos fracciones, a veces terminaremos con el numerador más grande que el denominador. Aquí hay algunas:

$$\frac{8}{5}, \frac{101}{100}, \frac{12}{3}$$

Éstas y aquéllas en las cuales el numerador es igual al denominador se llaman **fracciones impropias**. Muchas veces resultan cuando sumamos muchas fracciones a la vez. Por ejemplo, si sumamos los cuartos de hotcakes dejados por algunos conejitos, podríamos tener un problema como éste:

$$\frac{1}{4}+\frac{3}{4}+\frac{2}{4}+\frac{1}{4}=\frac{7}{4} \text{ hotcakes}$$

$\frac{7}{4}$ hotcakes no es una respuesta equivocada, pero no está en la **forma estándar**. En matemáticas, usualmente hay una convención que rige cómo debe verse la respuesta. Se llama la forma estándar.

Las fracciones en su forma estándar tienen numeradores más pequeños que sus denominadores; es decir, expresan una cantidad más pequeña que una unidad entera. Más pequeña que un hotcake, por ejemplo.

En el caso de los hotcakes que los conejitos dejaron, terminamos con pedazos que suman a más de un hotcake entero. Cada $\frac{4}{4}$ suman un hotcake entero. ¿Entonces cuánto más de un hotcake entero tenemos?

—Tenemos $\frac{3}{4}$ más —dijo Buzz.— Los primeros $\frac{4}{4}$ suman un hotcake entero y todavía hay $\frac{3}{4}$ que sobran.

—¡Correcto! —dijo el Oso.— Supongamos que en otra ocasión, cuando recogemos los sobrantes, encontramos $\frac{15}{4}$. ¿Cuántos hotcakes suman?

—Pues, son mucho más que un hotcake entero —Buzz frunció el entrecejo y agregó—, se vuelve más complicado. No estoy seguro de cómo calcularlo.

—Voy a enseñarte —dijo el Oso.— 15 está entre:

$$4 \times 3 = 12 \text{ y } 4 \times 4 = 16$$

La respuesta será entre 3 y 4 hotcakes enteros, con una fracción que sobra. ¿Qué será esta fracción?

Esta vez Buzz pudo contestar: —Pues, los 3 hotcakes enteros van a ocupar 12 cuartos, entonces supongo que habrán 15 − 12 = 3 cuartos que sobran.—

El Oso lo escribió así: $\frac{15}{4} = 3\frac{3}{4}$

—A esto se le llama un **número mixto**, porque tiene ambos: enteros y fracciones. Pero mira este ejemplo, Buzz. ¿Cuántos son $\frac{8}{4}$?

—Ay, son 2 enteros y ya —dijo Buzz.— $4 \times 2 = 8$ y no sobra nada. —Buzz lo escribió así:

$$\frac{8}{4} = 2$$

**Unidad 4: Fracciones**

–¡Correcto! –dijo el Oso.– En forma estándar, una respuesta correcta puede tener enteros o números mixtos, no importa. Solamente que no puede tener fracciones impropias. Aquí hay una regla simple que sirve siempre para expresar las fracciones impropias en forma estándar:

> Paso importante del Oso para convertir fracciones impropias en enteros o números mixtos
>
> **Divide el numerador entre el denominador. Si hay un residuo, exprésalo como numerador de una fracción con el mismo denominador.**

–A veces hay que convertir un número mixto en una fracción impropia. En este caso, se hace el opuesto, las operaciones **inversas**. Se multiplica el número entero por el denominador y después se agrega el numerador de la fracción. Pon la suma que resulta sobre el denominador. Aquí hay un ejemplo:

$$3\frac{1}{2} =$$

–Convertimos el 3 en medios. Así, 3 × el denominador que es 2 nos da 6. $3 = \frac{6}{2}$ Pero todavía hay que sumarle el $\frac{1}{2}$ restante:

$$\frac{6}{2} + \frac{1}{2} = \frac{7}{2}$$

–Voy a dar una hoja de trabajo para todos ahora –dijo el Oso.– El trabajo aún no es muy difícil, pero debemos estar seguros de la forma estándar y cómo obtenerla antes de seguir. ¿Me ayudas a distribuir las hojas de trabajo, Buzz? Ya veo que vas a ser un asistente magnífico. Si puedes terminar la hoja de trabajo fácilmente, puedes ayudar a unos conejitos.

–Claro, me gustaría ayudarles –dijo Buzz. Se sorprendió también a sí mismo.

### Vocabulario importante del Oso:

**Numerador.** El número encima, o el primer número en una fracción, el número de partes que se considerarán.

**Denominador.** El número abajo, o el segundo número en una fracción, el número de partes en el total.

**Forma estándar.** La manera aceptada para expresar una respuesta en matemáticas. El numerador siempre es más pequeño que el denominador en una fracción en forma estándar.

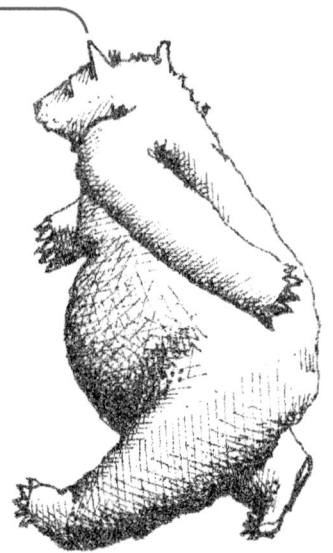

# Notas

## Hoja de trabajo
### Fracciones propias e impropias

1. Tres conejitos comen $\frac{2}{3}$, $\frac{2}{3}$ y $\frac{1}{3}$ hotcakes respectivamente. ¿Cuántos hotcakes suman? Como no hay manera de hacer un hotcake fraccionario, ¿cuántos hotcakes enteros debe hacer Péxeps?

2. ¿Cuáles de estas fracciones son impropias?

   a) $\dfrac{1}{6}$

   b) $\dfrac{4}{2}$

   c) $3\dfrac{1}{2}$

   d) $\dfrac{23}{24}$

   e) $\dfrac{88}{87}$

   f) $22\dfrac{1}{2}$

   g) $22\dfrac{3}{2}$

3. Cambia las siguientes fracciones por números enteros o mixtos.

   a) $\dfrac{8}{7} =$

   b) $\dfrac{16}{16} =$

   c) $\dfrac{4}{3} =$

   d) $\dfrac{45}{5} =$

   e) $\dfrac{9}{7} =$

   f) $\dfrac{63}{3} =$

   g) $\dfrac{21}{5} =$

4. Una abeja frecuentemente bebe la mitad del néctar de una flor de azahar y comparte la otra mitad con su hermana. Si lo hizo el lunes, martes y miércoles, ¿el néctar de cuántas flores de azahar bebió en total? Exprésalo como una fracción impropia y después como un número mixto.

# Respuestas

## Hoja de trabajo

1. $\dfrac{2}{3}+\dfrac{2}{3}+\dfrac{1}{3}=\dfrac{5}{3}=1\dfrac{2}{3}$  Péxeps debe hacer dos hotcakes.

2. b, e y g son impropias.

3. a) $1\dfrac{1}{7}$

   b) $1$

   c) $1\dfrac{1}{3}$

   d) $9$

   e) $1\dfrac{2}{7}$

   f) $21$

   g) $4\dfrac{1}{5}$

4. $\dfrac{1}{2}+\dfrac{1}{2}+\dfrac{1}{2}=\dfrac{3}{2}=1\dfrac{1}{2}$

# El grupo "Reto matemático" enfrenta los términos más bajos y los múltiplos comunes

Buzz terminó la hoja de trabajo en cinco minutos. El Oso estuvo muy feliz. Él y Buzz hablaron para planear qué seguía. Después Buzz susurró con su mamá y Abuelita Conejita. Buzz y el Oso recogieron las hojas de trabajo y pidieron silencio para hacer un anuncio.

**Unidad 4: Fracciones**

—Empezando ahora —dijo Buzz—, los únicos animales con permiso para quedarse en la casa de Péxeps hoy, son los que saben bien las tablas de multiplicar. Son indispensables para el material que vamos a enfrentar. Mi madre y Abuelita Conejita acompañarán a casa a todos los otros conejos. Pueden volver en otro momento cuando estén listos. Favor de reunirse con sus acompañantes a la salida.

La madre de Buzz sonrió orgullosamente. ¡Su muchacho malo ahora sonaba tan adulto, tan responsable! Empezó a moverse lentamente hacia la puerta, su cola en la mano para que no golpeara a los conejitos, porque había una cascada de ellos saliendo de la puerta, todos a la vez.

—¿Qué es una tabla de multiplicar? —preguntó una conejita pequeña a la otra.

—Creo que es una mesa donde se pueden poner más tablas si viene compañía —contestó su amiga—, pero no tenemos una.

Abuelita Conejita les indicó la cola para que se formaran.

Pronto una larga fila de conejos se vio marchando por la vereda, saliendo de la casa de Péxeps atrás de una dragona enorme.

—¡Adiós! —dijo Péxeps, despidiéndolos.

El caos en la casa de Péxeps se había calmado. Buzz, el Oso y media docena de conejos aplicados estaban en un rincón preparándose para aprender sobre **múltiplos comunes** y **términos más bajos**. Según el Oso, fueron los últimos temas que debían entender antes de sumar y restar fracciones con diferentes denominadores.

—Sé que hay mucho que hacer para prepararnos —dijo el Oso—, pero estas operaciones con fracciones son muy largas y difíciles. Deben realizar muchos pasos y terminar con la respuesta correcta. En matemáticas, en un problema de 6 pasos, aunque realicen bien los primeros 5 pasos, si se equivocan en el último, ¡su respuesta está equivocada! No basta con entender cómo hacer el problema. Deben hacer correctamente todos los pasos para terminar bien.

—Probablemente ya saben que algunas fracciones son iguales a otras, por ejemplo que $\frac{1}{2}$ es igual a $\frac{2}{4}$. De hecho, hay toda una **familia** de fracciones que son iguales a $\frac{1}{2}$. Son todas las fracciones en las cuales el denominador es 2 veces el numerador.

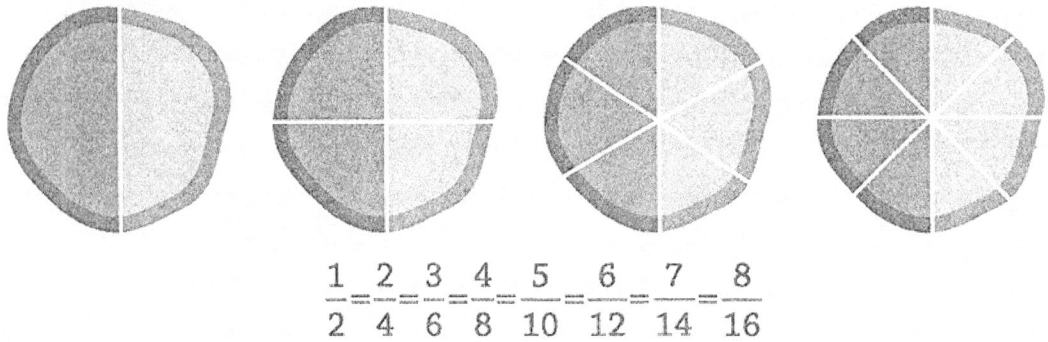

$$\frac{1}{2}=\frac{2}{4}=\frac{3}{6}=\frac{4}{8}=\frac{5}{10}=\frac{6}{12}=\frac{7}{14}=\frac{8}{16}$$

—De hecho, esta familia continúa sin fin, es una familia infinita. Hay otra familia para $\frac{1}{3}$ y otra para $\frac{1}{4}$... hay muchas diferentes familias infinitas, aunque sea difícil de creer.

—Una manera de entender esto es que $\frac{1}{2}$ no es realmente un número, es una relación. O se puede entender como una división: 1 ÷ 2. Es una sola relación pero hay muchas maneras de expresarla.

—Como una fracción es una relación, se le puede multiplicar y dividir por cualquier otro número, solamente hay que hacer lo mismo al numerador y al denominador. Para generar la familia de $\frac{1}{2}$, multiplicamos ambos, numerador y denominador, por 1, 2, 3, 4, 5, 6, ...y obtenemos muchas maneras de expresar $\frac{1}{2}$.

—Todas son correctas, pero solamente una está expresada en forma estándar.

## Unidad 4: Fracciones

—En forma estándar las fracciones deben aparecer en sus **términos más bajos**.

—La fracción $\frac{1}{2}$ está en términos más bajos, $\frac{2}{4}$, y $\frac{32}{64}$ no lo están.

—Si se preguntan ¿por qué no? La razón es porque $\frac{2}{4}$, y $\frac{32}{64}$ se pueden reducir todavía más. Se puede dividir ambos: numerador y denominador, entre el mismo número y así sacar números más bajos arriba y abajo.

En el caso de $\frac{2}{4}$, ambos 2 y 4 se pueden dividir entre 2.

$$\frac{2}{4}=\frac{1}{2}$$

En el caso de $\frac{32}{64}$, numerador y denominador pueden dividirse entre muchos números. Lo más eficiente es dividir los dos entre 32, pero como generalmente no sabemos la tabla del 32, también podemos dividir por 8, 4 ó 2. En ese caso, necesitaremos varios pasos, porque obtendremos resultados que también pueden ser reducidos. Vamos, dividiendo por 2 cada vez:

$$\frac{32}{64}=\frac{16}{32}=\frac{8}{16}=\frac{4}{8}=\frac{2}{4}=\frac{1}{2}$$

—Son cinco pasos —dijo un conejo.— ¿Cómo sabremos cuándo no rendirnos?

—En este caso, en cualquier punto antes de llegar a $\frac{1}{2}$, sabes que no has terminado porque ambos, numerador y denominador, son números pares, y aquellos siempre se pueden dividir entre 2, e incluso entre algo más grande. En otros casos puede ser difícil saber. Si realizan muchos ejercicios de este tipo, empezarán a reconocer los múltiplos más rápido y en muchos casos van a poder dividir entre múltiplos más grandes. Hay algunos ejemplos de esto en las hojas de trabajo.

Después de hacer cualquier operación con fracciones, siempre tendrán que verificar su respuesta para asegurarse de que está en los términos más bajos.

Hay otro uso importante para los múltiplos. Cuando empecemos a sumar fracciones con diferentes denominadores, buscaremos múltiplos comunes de estos denominadores diferentes. Si saben sus tablas muy bien, van a reconocer los múltiplos comunes. ¿Qué número está en la tabla del 8 y también en la tabla del 5?

–¡40! –gritó un conejo.

–Bueno, ¿qué número está en la tabla del 6 y la tabla del 8? –preguntó el Oso.

–¡48! –gritó Buzz.

–¿Sí, pero saben uno más pequeño? –preguntó el Oso.

Hubo un silencio, después, alguien gritó –¡24!

–¿Y de 3 y 6?

–¡6 mismo! –Esta vez Buzz estuvo listo de inmediato.– El número 6 está en la tabla del 3.

–Sí. Es el múltiplo más pequeño –dijo el Oso.– Hay muchos múltiplos comunes en este caso. ¿Cuáles son otros?–

–12 –gritó un conejo.

–18 –gritó otro.

–¡Correcto! –dijo el Oso.– ¿Encontraste el 18 multiplicando 3 por 6?

–El conejo inclinó la cabeza afirmando que sí.

## Unidad 4: Fracciones

—Es importante saber —dijo el Oso—, que siempre puedes generar un múltiplo común multiplicando los dos números juntos. Muchas veces no hay un múltiplo común más pequeño que ese.

5 × 8 = 40 es un ejemplo. 40 está en la tabla del 5 y la tabla del 8 porque, por supuesto, acabamos de multiplicarlos juntos. ¡Es lo que es una tabla! Es muy útil si saben sus tablas a la perfección, para que puedan encontrar múltiplos comunes que son más pequeños que los que se generan multiplicando los dos números.

—Ahora les voy a dar la hoja de trabajo sobre cómo reducir fracciones a la forma estándar. Inmediatamente después, aprenderemos a sumar y restar fracciones. Veo que Péxeps está poniendo la tetera en la estufa. Apuesto a que vamos a estar sumando y restando fracciones tan pronto como se sirva el té.

---

El Oso te recuerda:

**Forma estándar para fracciones y números mixtos:**
- **No expresarlas como fracciones impropias.**
- **Componente fraccional expresado en términos más bajos.**

**Unidad 4: Fracciones**

## Hoja de trabajo
### Términos más bajos y múltiplos comunes

1. ¿Cuáles fracciones no son de la familia de $\frac{1}{2}$?

   $\frac{6}{12}, \frac{5}{10}, \frac{7}{14}, \frac{2}{3}, \frac{4}{16}, \frac{10}{20}$

2. ¿Cuáles fracciones no son de la familia de $\frac{1}{7}$?

   $\frac{8}{56}, \frac{9}{63}, \frac{7}{49}, \frac{6}{40}, \frac{2}{14}, \frac{3}{28}, \frac{10}{70}$

3. ¿Cuáles fracciones aparecen en sus términos más bajos?

   $\frac{4}{16}, \frac{2}{7}, \frac{5}{14}, \frac{3}{21}, \frac{6}{26}, \frac{1}{5}, \frac{3}{7}, \frac{9}{11}, \frac{15}{25}$

4. ¿Qué número(s), menos el 1, son divisores comunes del numerados y el denominador, en las siguientes fracciones?

   a) $\dfrac{4}{14}$   d) $\dfrac{10}{80}$

   b) $\dfrac{12}{36}$   e) $\dfrac{25}{30}$

   c) $\dfrac{7}{28}$   f) $\dfrac{72}{81}$

5. Reescribe las siguientes fracciones en sus términos más bajos. Continúa hasta que la fracción realmente sea la más baja posible.

   a) $\dfrac{12}{24} =$   d) $\dfrac{14}{21} =$

   b) $\dfrac{15}{25} =$   e) $\dfrac{12}{15} =$

   c) $\dfrac{24}{32} =$   f) $\dfrac{6}{42} =$

## Unidad 4: Fracciones

# Respuestas

## Hoja de trabajo

1. $\dfrac{2}{3}, \dfrac{4}{16}$

2. $\dfrac{6}{40}, \dfrac{3}{28}$

3. $\dfrac{2}{7}, \dfrac{5}{14}, \dfrac{3}{7}, \dfrac{9}{11}$

4. a) 2
   b) 2, 3, 4, 6, 12
   c) 7
   d) 2, 5, 10
   e) 5
   f) 9

5. a) $\dfrac{1}{2}$
   b) $\dfrac{3}{5}$
   c) $\dfrac{3}{4}$
   d) $\dfrac{2}{3}$
   e) $\dfrac{4}{5}$
   f) $\dfrac{1}{7}$

## Sumar fracciones

Buzz terminó la hoja de trabajo sobre cómo reducir fracciones, con facilidad también. Ayudó a varios conejos mientras Péxeps y el Oso servían té de trébol con galletas.

–La mayoría de estos conejos son buenos –dijo Buzz al Oso.– Todos entienden la idea, aunque algunos no siempre reducen las fracciones a los términos más bajos.

–Bueno –dijo el Oso.– Vamos a sumar y restar. Necesitamos estas operaciones para calcular cómo acomodar las colmenas en los diferentes campos. Es un experimento bastante complicado.

—Sobre las abejas –dijo Buzz un poco preocupado–, algunos animales creen que me veo grande y espantoso. ¡Mmmm!, algunos dragones han querido lastimarme.

—Sí. He oído algo sobre esto –dijo el Oso.

—Pues, puede ser que no he hecho todo perfectamente en el pasado, pero ahora no quiero que estas abejas se asusten, porque pican. ¿Ya saben que yo voy a ayudar a mudarlas?

—Es importante lo que planteas –dijo el Oso.– A las abejas no les gustan las sorpresas.

Péxeps se detuvo de servir el té y dijo: –como la tetera tarda en hervir, entonces aproveché el tiempo para salir y avisarles. Ellas prefieren escuchar noticias importantes como ésta directamente del Oso, pero él ha estado muy ocupado.

—¡Oh, muchas gracias! –dijeron Buzz y el Oso juntos.

—Voy a ver si yo también puedo hablarles –agregó el Oso.– A lo mejor Buzz y Péxeps pueden encargarse de la situación aquí mientras resuelvan la hoja de trabajo siguiente para que yo pueda salir por un momento. Las abejas son bastante exigentes, pero les voy a explicar que Buzz es un apicultor serio y prometedor.

—Ahora volvemos a nuestras fracciones. Ya sabemos qué hacer con:

$$\frac{1}{4} + \frac{1}{4} =$$

Y también sabemos reducir nuestra respuesta a forma estándar:

$$\frac{2}{4} = \frac{1}{2}$$

¿Qué hacemos cuando queremos sumar fracciones con denominadores diferentes? Por ejemplo:

$$\frac{1}{2}+\frac{1}{3}$$

No hay manera de sumarlas así. Las mitades y terceras partes son como manzanas y naranjas: No son iguales. Aunque, por otro lado, podemos comer la mitad de un hotcake y después la tercera parte de otro. Se pueden sumar en nuestros estómagos; ¡debe haber manera!

Pensemos otra vez en nuestras familias de fracciones. Hay muchas maneras de expresar estas dos fracciones, pensemos en una manera de expresarlas que nos ayude.

Aquí está la familia de $\frac{1}{2}$:

$$\frac{1}{2}, \frac{2}{4}, \frac{3}{6}$$

Aquí está la familia de $\frac{1}{3}$:

$$\frac{1}{3}, \frac{2}{6}$$

Mira qué dato interesante: Ambas $\frac{1}{2}$ y $\frac{1}{3}$ se pueden expresar con un denominador de 6. Vamos a reescribir este problema usando sus valores expresados con denominador de 6:

$$\frac{3}{6}+\frac{2}{6}=$$

Ahora la respuesta es fácil: $\frac{5}{6}$

Usaremos esta estrategia para todos los problemas de suma de fracciones. Si no tienen el mismo denominador, buscaremos un múltiplo común para servir de **denominador común**. Después, cuando hemos expresado las dos fracciones con este denominador, sumaremos los numeradores y pondremos el resultado sobre este mismo denominador.

No hay que escribir la familia de fracciones cada vez. Les explicaré un método bueno, se llama **regla de tres**.

$$\frac{2}{3} = \frac{\Box}{12}$$

¿Qué número debe estar en el cuadro?

1. Miren los dos denominadores. Dividan el más grande entre el más pequeño. ¿Cuál es el cociente?

$$12 \div 3 = 4$$

2. Multiplica el resultado por el numerador ya dado. La respuesta es lo que va en el cuadro.

$$4 \times 2 = 8$$

$$\frac{2}{3} = \frac{8}{12}$$

Me gusta escribir el cociente de los dos denominadores en algún lugar en el margen para que no se me olvide por cuánto voy a multiplicar el numerador.

Permítanme darles otro:

$$\frac{3}{7} = \frac{\Box}{21}$$

—Yo lo puedo hacer —dijo Buzz—: 21 ÷ 7 = 3, entonces escribo 3 en el margen. Sé que tengo que multiplicar el numerador 3, por 3; 3 × 3 = 9, entonces pongo 9 en el cuadro. Ahora tenemos:

$$\frac{3}{7} = \frac{9}{21}$$

—Excelente —dijo el Oso.— Sumaremos algunas fracciones usando este método de reescribirlas.

$$\frac{1}{5} + \frac{1}{2} =$$

La primera cosa que debemos hacer es poner cada una de estas fracciones sobre un denominador común, entonces lo buscaremos. ¿Cuál será?

—10 —gritó un conejo.

—Sí —dijo el Oso.— El denominador común más práctico es 10.

$$\frac{1}{5} = \frac{\Box}{10}$$

—¿Qué va en el cuadro?

Un conejo contestó:

$$10 \div 5 = 2$$
$$2 \times 1 = 2$$
$$\frac{1}{5} = \frac{2}{10}$$

—¡Muy bien! —dijo el Oso—, y ¿qué va en el cuadro?

$$\frac{1}{2} = \frac{\Box}{10}$$

—Ya lo tengo, ¡es 5! —gritó otro conejo.

Buzz reescribió y resolvió el problema para todos:

$$\frac{2}{10} + \frac{5}{10} = \frac{7}{10}$$

# Unidad 4: Fracciones

–Sí –dijo el Oso.– Las sumas son así. Muchas veces tienen muchos pasos. Los pasos no son difíciles pero se tienen que hacer todos. Hay unas situaciones raras que pueden encontrar, para las cuales quiero prepararlos. Aquí hay una:

$$\frac{2}{3} + \frac{3}{4} =$$

Reescribiendo las fracciones sobre un denominador común y sumando, resulta:

$$\frac{8}{12} + \frac{9}{12} = \frac{17}{12}$$

Pero $\frac{17}{12}$ no es la mejor respuesta, ¿por qué?

Buzz y los conejos fruncieron el entrecejo un momento y después Buzz dijo: –Es una fracción impropia. 17 es más grande que 12.

–Correcto –dijo el Oso.– ¿Qué haremos?

–Debemos dividirlo –dijo Buzz.– 12 va en 17 una vez con un residuo de 5. Siguiendo nuestra regla, debemos escribir:

$$\frac{17}{12} = 1\frac{5}{12}$$

–Bien –dijo el Oso.– Ahora tenemos la respuesta en forma estándar. Siempre deben revisar sus repuestas para que vayan en dicha forma. Aquí hay otro ejemplo:

$$\frac{1}{4} + \frac{3}{4} = \frac{4}{4}$$

–Es una fracción impropia también, pero sin residuo –dijo Buzz de inmediato.

$$\frac{1}{4}+\frac{3}{4}=\frac{4}{4}=1$$

—¿Y esto?

$$\frac{3}{8}+\frac{1}{8}=$$

—No es nada especial —dijo un conejo.

$$\frac{3}{8}+\frac{1}{8}=\frac{4}{8}$$

—¿Sí? —dijo el Oso—. Revísalo otra vez.

El conejo se vio perplejo.

—Oh, oh —dijo Buzz de repente.— Me parece que se trata de términos más bajos. Entre múltiplos comunes y forma estándar, se agregan muchos pasos a estos problemas, Oso. Pronto van a extenderse hasta no caber en la hoja.

—¿Cómo escribiríamos la respuesta en este caso? —insistió el Oso.

—¡$\frac{2}{4}$! —gritó un conejo.

—¡$\frac{1}{2}$! —gritó otro.

—Las dos respuestas pertenecen a la misma familia que $\frac{4}{8}$, pero solamente una es la respuesta en forma estándar de nuestro problema. ¿Cuál y por qué?

—Es $\frac{1}{2}$ porque es más bajo —dijo el primer conejo.— Retiro mi otra respuesta.

—Nunca, en toda la vida, hemos hecho problemas con tantos pasos —dijo su

**Unidad 4: Fracciones**

hermano.– ¿Podemos trabajar problemas tan largos y salir bien al fin?

–Sí, pueden –dijo el Oso–, pronto harán problemas con largas cadenas de pasos y saldrán bien. Ahora les voy a dar la hoja de trabajo y voy a hablar con las abejas. Buzz y Péxeps ayudarán si alguien tiene problemas.

Con esto, el Oso salió pesadamente de la puerta y continuó por a vereda rumbo a sus abejas.

# Unidad 4: Fracciones

## Hoja de trabajo
### Sumar fracciones

Nota: ¡Este tema es difícil! Buzz y el Oso esperan que seas muy persistente. Si no puedes hacer los problemas la primera vez, los ejemplos en el texto anterior y las respuestas a estos problemas (que están a continuación) te podrán ayudar.

1. Expresa estas fracciones con sus nuevos numeradores:

   a) $\dfrac{4}{5} = \dfrac{\square}{20}$

   b) $\dfrac{3}{4} = \dfrac{\square}{8}$

   c) $\dfrac{2}{7} = \dfrac{\square}{28}$

   d) $\dfrac{14}{15} = \dfrac{\square}{30}$

   e) $\dfrac{7}{9} = \dfrac{\square}{81}$

2. ¿Qué denominadores comunes sugieres para trabajar estos problemas?

   a) $\dfrac{3}{4} + \dfrac{3}{10} =$

   b) $\dfrac{1}{2} + \dfrac{1}{3} =$

   c) $\dfrac{3}{4} + \dfrac{2}{5} =$

   d) $\dfrac{1}{8} + \dfrac{1}{7} =$

   e) $\dfrac{1}{5} + \dfrac{1}{10} =$

3. Reescribe estos problemas con denominadores comunes. No debes resolver los problemas. Puedes encontrar un denominador común multiplicando los dos denominadores juntos, pero en algunos de estos problemas, uno es el más pequeño posible. ¡Búscalo!

   a) $\dfrac{3}{5} + \dfrac{4}{7} =$    d) $\dfrac{1}{12} + \dfrac{5}{18} =$

   b) $\dfrac{1}{6} + \dfrac{2}{9} =$    e) $\dfrac{1}{10} + \dfrac{1}{5} =$

   c) $\dfrac{4}{9} + \dfrac{3}{4} =$    f) $\dfrac{1}{4} + \dfrac{1}{10} =$

4. Suma. Convierte tus respuestas a la forma estándar si se necesita.

   a) $\dfrac{3}{7} + \dfrac{2}{5} =$    d) $\dfrac{2}{3} + \dfrac{3}{4} =$

   b) $\dfrac{4}{5} + \dfrac{1}{3} =$    e) $\dfrac{2}{3} + \dfrac{5}{6} =$

   c) $\dfrac{6}{7} + \dfrac{1}{2} =$

# Unidad 4: Fracciones

## Respuestas
### Hoja de trabajo

1. 
   a) $\dfrac{4}{5} = \dfrac{16}{20}$

   b) $\dfrac{3}{4} = \dfrac{6}{8}$

   c) $\dfrac{2}{7} = \dfrac{8}{28}$

   d) $\dfrac{14}{15} = \dfrac{28}{30}$

   e) $\dfrac{7}{9} = \dfrac{63}{81}$

2. Denominadores más grandes que son múltiplos de ambos denominadores también son posibles.

   a) $\dfrac{3}{4} + \dfrac{3}{10} =$
   Mejor denominador: 20

   b) $\dfrac{1}{2} + \dfrac{1}{3} =$
   Mejor denominador: 6

   c) $\dfrac{3}{4} + \dfrac{2}{5} =$
   Mejor denominador: 20

   d) $\dfrac{1}{8} + \dfrac{1}{7} =$
   Mejor denominador: 56

e) $\dfrac{1}{5}+\dfrac{1}{10}=$

Mejor denominador: 10

3. a) $\dfrac{3}{5}+\dfrac{4}{7}=\dfrac{21}{35}+\dfrac{20}{35}$

   b) $\dfrac{1}{6}+\dfrac{2}{9}=\dfrac{3}{18}+\dfrac{4}{18}$

   c) $\dfrac{4}{9}+\dfrac{3}{4}=\dfrac{16}{36}+\dfrac{27}{36}$

   d) $\dfrac{1}{12}+\dfrac{5}{18}=\dfrac{3}{36}+\dfrac{10}{36}$

   e) $\dfrac{1}{10}+\dfrac{1}{5}=\dfrac{1}{10}+\dfrac{2}{10}$

   f) $\dfrac{1}{4}+\dfrac{1}{10}=\dfrac{5}{20}+\dfrac{2}{20}$

4. a) $\dfrac{3}{7}+\dfrac{2}{5}=\dfrac{15}{35}+\dfrac{14}{35}=\dfrac{29}{35}$

   b) $\dfrac{4}{5}+\dfrac{1}{3}=\dfrac{12}{15}+\dfrac{5}{15}=\dfrac{17}{15}=1\dfrac{2}{15}$

   c) $\dfrac{6}{7}+\dfrac{1}{2}=\dfrac{12}{14}+\dfrac{7}{14}=\dfrac{19}{14}=1\dfrac{5}{14}$

   d) $\dfrac{2}{3}+\dfrac{3}{4}=\dfrac{8}{12}+\dfrac{9}{12}=\dfrac{17}{12}=1\dfrac{5}{12}$

   e) $\dfrac{2}{3}+\dfrac{5}{6}=\dfrac{4}{6}+\dfrac{5}{6}=\dfrac{9}{6}=1\dfrac{3}{6}=1\dfrac{1}{2}$

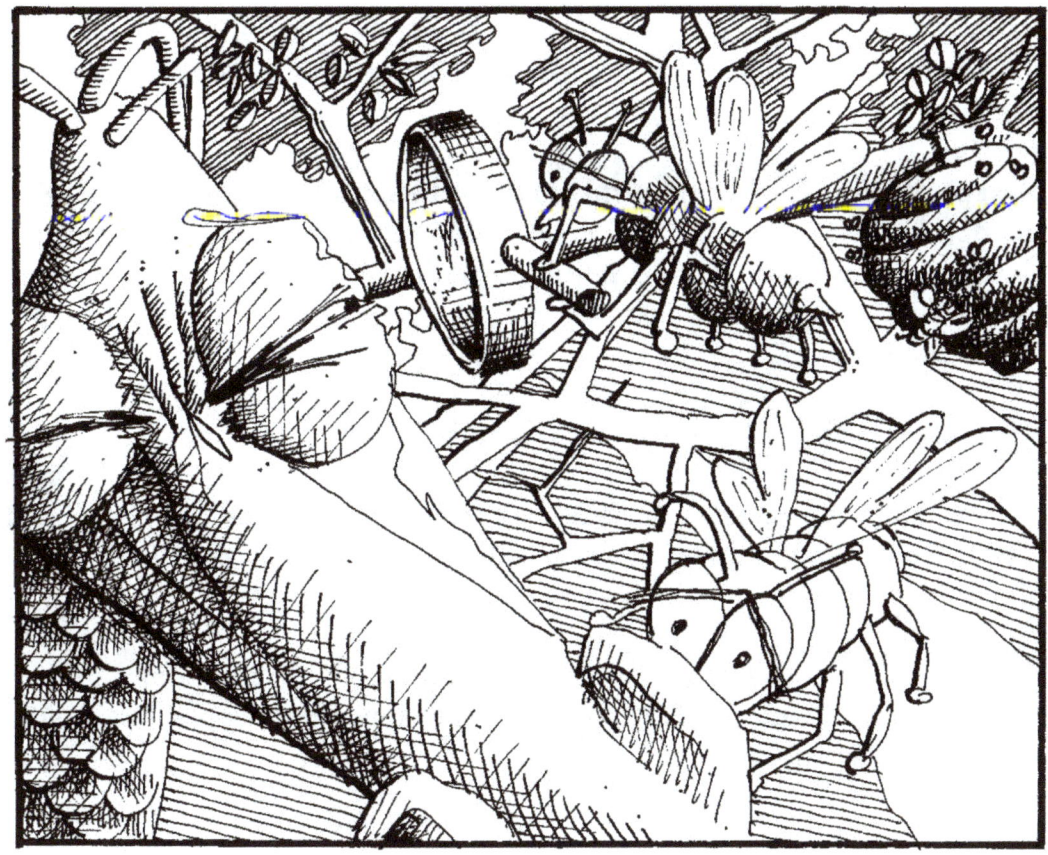

# Restar fracciones

Unos minutos después, el Oso regresó.

–Las abejas quieren que sus exploradores observen a Buzz –dijo.– Dicen que quieren un reporte independiente, a mi parecer es un reporte de abejas. ¿Podemos abrir las ventanas y permitir que las abejas exploradoras entren mientras Buzz trabaja aquí?

Buzz preguntó –¿qué me van a hacer?–

—No sé —dijo el Oso— pero creo que debes permitirlo si puedes. Así te verás más amable.

—Quiero hacerlo —dijo Buzz—, pero tengo un poco de miedo. ¿Hasta dónde van a llegar? ¿Muy cerca de mí?

Péxeps intervino: —Por mi parte, yo daría la bienvenida a mi casa a grupos pequeños de abejas si se portan bien. Prohibido cualquier disturbio, prohibido molestar a los conejos, que no piquen a nadie, 20 abejas a la vez máximo. Pueden mirarnos desde la cocina o, si quieren acercarse más, deben pedir permiso especial.

—Oh, así está bien —dijo Buzz.— ¡Adelante!

El Oso hizo una señal indicando la aprobación a la abeja mensajera que estaba esperando en la puerta. —¡Acuérdate de explicarles las reglas! —agregó. La abeja salió volando.

—Hablando de reglas —comentó el Oso—, tenemos que aprender algunas de ellas para restar fracciones. A veces restar fracciones es muy parecido a sumar fracciones. Por ejemplo:

$$\frac{3}{4} - \frac{1}{4} = \frac{2}{4}$$

Reducimos la fracción,

$$\frac{3}{4} - \frac{1}{4} = \frac{2}{4} = \frac{1}{2}$$

Aún con denominadores diferentes, restar fracciones puede ser muy parecido a sumarlas:

$$\frac{4}{5} - \frac{1}{3} =$$

Escogemos 15 como denominador común:

$$\frac{4}{5} = \frac{12}{15}$$

$$\frac{1}{3} = \frac{5}{15}$$

Reescribimos: $\frac{12}{15} - \frac{5}{15} = \frac{7}{15}$

Restar puede ser parecido a sumar aun con números mixtos:

$$2\frac{1}{2} - 1\frac{1}{4} =$$

Reescribimos ambas fracciones con 4 como denominador común:

$$2\frac{2}{4} - 1\frac{1}{4} =$$

Restamos los enteros y restamos las fracciones y sale $1\frac{1}{4}$.

—Sin embargo hay una situación más difícil, como en este ejemplo:

$$3\frac{1}{3} - 2\frac{1}{2} =$$

Empezamos normalmente. Ponemos las fracciones sobre un denominador común, 6.

$$\frac{1}{3} = \frac{2}{6}$$

$$\frac{1}{2} = \frac{3}{6}$$

Cuando reescribimos, se ve así: $3\frac{2}{6} - 2\frac{3}{6} =$

—Pero ¡qué! ¡No se puede restar $\frac{3}{6}$ de $\frac{2}{6}$! No se puede restar una fracción más grande de una más pequeña. Pero debe ser una resta válida, porque claramente $3\frac{1}{3}$ es más grande que $2\frac{1}{2}$, Debe haber una salida.

—Hay una salida, y es usar fracciones impropias. Ya aprendieron a deshacerse de ellas, ahora aprenderemos a recuperarlas cuando las necesitamos. Vamos a tomar prestado de los enteros. Es una estrategia similar a la que ya saben de restas con números enteros. Vamos a convertir un entero en fracción y sumarlo a la parte fraccionaria, haciendo una fracción impropia, y así vamos a poder restar.

—Nuestra fracción tiene un denominador 6. ¿Cómo expresamos un entero con un denominador 6?

$$\frac{\Box}{6} = 1$$

—¡Yo sé! –dijo Buzz–, 6. Convertimos 1 en $\frac{6}{6}$.

—Sí –dijo el Oso.– Cualquier número sobre sí mismo es igual a 1. Entonces ahora, si tomamos 1 de los $3\frac{1}{6}$ y lo cambiamos en $\frac{6}{6}$, tendremos:

$$2\frac{1}{6} + \frac{6}{6} =$$

¿Qué será?

—Es igual a $2\frac{7}{6}$ –dijo Buzz.– Pero esta fracción no se ve bien.

—Sí, hicimos una fracción impropia, pero nada más la vamos a usar por un momento, porque estamos a punto de restar de ella. El problema ahora se ve así:

$$2\frac{7}{6} - 2\frac{2}{6} =$$

—Es solamente $\frac{5}{6}$ —dijo un conejo—, porque 2 – 2 = 0.

$$2\frac{7}{6} - 2\frac{2}{6} = \frac{5}{6}$$

—¡Correcto! —dijo el Oso.— A veces se necesitan muchos pasos para sumar y restar con fracciones, entonces hay varios momentos en que pueden existir errores, pero no deben saber más para realizar estas operaciones.

Durante toda la explicación del Oso, grupos de abejas habían entrado y aterrizado en la mesa de la cocina. Miraban a Buzz fascinados, después salieron para ser reemplazados por otros grupos que se portaron igual. Ahora una abeja se acercó al oído del Oso y susurró.

—Las abejas piden permiso para que un grupo de ellas aterrice en tu cola, Buzz —reportó el Oso.— ¿Está bien?
—Sí —dijo Buzz, un poco sofocado pero poniendo todo su valor.— ¿Cuánto tiempo se quedarán?

—Cinco minutos.

—Bien.

Péxeps y el Oso empezaron a distribuir las hojas de trabajo. El Oso dijo: —Después de la hoja de trabajo, seguiremos multiplicando y dividiendo fracciones. Será tan fácil que no podrán creerlo.—

—¿Es fácil? —preguntó un conejo.— Siempre he pensado que multiplicar y dividir son las operaciones difíciles, y sumar y restar son las fáciles.—

—Pues, de hecho, cuanto más avanzado estés en matemáticas, más te va a parecer que multiplicar y dividir son las operaciones más fáciles —dijo el Oso.— Creo que a todos ustedes les van a empezar a gustar más y más estas operaciones.

–¿Lo crees? –dijo una conejita a su hermana.– ¡Dice que me va a gustar dividir!

Buzz se sentó quieto y llenó toda su hoja de trabajo correctamente con 13 abejas todavía en su cola. Más tarde el Oso dijo que si alguna prueba le pudiera convencer que alguien es apto para criar abejas, sería la prueba de restar fracciones con 13 abejas sentadas en la cola.

# Notas

# Hoja de trabajo
## Restar fracciones

1. Reescribe estos problemas con denominadores comunes y resuélvelos:

   a) $\dfrac{5}{6} - \dfrac{1}{2} =$

   b) $\dfrac{7}{8} - \dfrac{1}{5} =$

   c) $\dfrac{11}{12} - \dfrac{1}{4} =$

   d) $\dfrac{3}{4} - \dfrac{1}{10} =$

2. Resuelve estos problemas de números mixtos:

a) $\phantom{-}\begin{array}{r} 3\frac{5}{6} \\ -\ 2\frac{1}{4} \\ \hline \end{array}$

b) $\phantom{-}\begin{array}{r} 5\frac{9}{10} \\ -\ 1\frac{1}{2} \\ \hline \end{array}$

c) $\phantom{-}\begin{array}{r} 3\frac{2}{3} \\ -\ \frac{1}{5} \\ \hline \end{array}$

3. Péxeps limpió después del desayuno y encontró que sobraron $4\frac{2}{3}$ hotcakes. Un armadillo pasó y pidió $1\frac{1}{4}$ hotcakes. Cuando el armadillo salió, ¿cuántos hotcakes le sobraron a Péxeps?

4. El Oso tuvo $3\frac{3}{4}$ cubetas de miel. Unas ovejas pidieron $1\frac{1}{8}$ cubetas para hacer un pastel de cumpleaños. Después de surtir el pedido, ¿cuántas cubetas le sobraron?

# Unidad 4: Fracciones

5. Resta, toma prestado cuando sea necesario:

a) $\begin{array}{r} 3\frac{1}{2} \\ -\ 1\frac{2}{3} \\ \hline \end{array}$

b) $\begin{array}{r} 4\frac{2}{5} \\ -\ 1\frac{1}{2} \\ \hline \end{array}$

c) $\begin{array}{r} 5\frac{2}{9} \\ -\ 1\frac{2}{3} \\ \hline \end{array}$

d) $\begin{array}{r} 6\frac{1}{3} \\ -\ 2\frac{3}{4} \\ \hline \end{array}$

# Respuestas

## Hoja de trabajo

1. a) $\dfrac{5}{6} - \dfrac{1}{2} = \dfrac{5}{6} - \dfrac{3}{6} = \dfrac{2}{6} = \dfrac{1}{3}$

   b) $\dfrac{7}{8} - \dfrac{1}{5} = \dfrac{35}{40} - \dfrac{8}{40} = \dfrac{27}{40}$

   c) $\dfrac{11}{12} - \dfrac{1}{4} = \dfrac{11}{12} - \dfrac{3}{12} = \dfrac{8}{12} = \dfrac{2}{3}$

   d) $\dfrac{3}{4} - \dfrac{1}{10} = \dfrac{15}{20} - \dfrac{2}{20} = \dfrac{13}{20}$

2. a) $\begin{array}{r} 3\dfrac{5}{6} \\ -\ 2\dfrac{1}{4} \end{array}$   $\begin{array}{r} 3\dfrac{10}{12} \\ -\ 2\dfrac{3}{12} \\ \hline 1\dfrac{7}{12} \end{array}$

   b) $\begin{array}{r} 5\dfrac{9}{10} \\ -\ 1\dfrac{1}{2} \end{array}$   $\begin{array}{r} 5\dfrac{9}{10} \\ -\ 1\dfrac{5}{10} \\ \hline 4\dfrac{4}{10} \end{array}$

   $4\dfrac{4}{10} = 4\dfrac{2}{5}$

c) $\phantom{-}3\frac{2}{3}\phantom{xx}3\frac{10}{15}$
$\phantom{c)x}-\phantom{x}\frac{1}{5}\phantom{xx}-\frac{3}{15}$
$\phantom{c)xxxxxxxxxxx}3\frac{7}{15}$

3. $4\frac{2}{3}-1\frac{1}{4}$

$\phantom{xxxxx}4\frac{8}{12}$
$\phantom{xxxx}-1\frac{3}{12}$
$\phantom{xxxxx}3\frac{5}{12}$ hotcakes le sobraron

4. $3\frac{3}{4}-1\frac{1}{8}$

$\phantom{xxxxx}3\frac{6}{8}$
$\phantom{xxxx}-1\frac{1}{8}$
$\phantom{xxxxx}2\frac{5}{8}$ cubetas de miel le sobraron

5. a) $\phantom{-}3\frac{1}{2}\phantom{xx}3\frac{3}{6}\phantom{xx}\overset{2}{\cancel{3}}\overset{9}{\cancel{\tfrac{3}{6}}}$
$\phantom{5)x}-1\frac{2}{3}\phantom{xx}-1\frac{4}{6}\phantom{xx}-1\frac{4}{6}$
$\phantom{5)xxxxxxxxxxxxxxxxxx}1\frac{5}{6}$

b) $\phantom{-}4\frac{2}{5}\phantom{xx}4\frac{4}{10}\phantom{xx}\overset{3}{\cancel{4}}\overset{14}{\cancel{\tfrac{4}{10}}}$
$\phantom{b)x}-1\frac{1}{2}\phantom{xx}-1\frac{5}{10}\phantom{xx}-1\frac{5}{10}$
$\phantom{b)xxxxxxxxxxxxxxxxxxx}2\frac{9}{10}$

c) $5\frac{2}{9}$ $\quad$ $5\frac{2}{9}$ $\quad$ $5\!\!\!/^{4}\overset{11}{\cancel{\frac{2}{9}}}$
   $-1\frac{2}{3}$ $\quad$ $-1\frac{6}{9}$ $\quad$ $-1\frac{6}{9}$
   $\qquad\qquad\qquad\qquad\qquad$ $3\frac{5}{9}$

d) $6\frac{1}{3}$ $\quad$ $6\frac{4}{12}$ $\quad$ $\overset{5}{\cancel{6}}\overset{16}{\cancel{\frac{4}{12}}}$
   $-2\frac{3}{4}$ $\quad$ $-2\frac{9}{12}$ $\quad$ $-2\frac{9}{12}$
   $\qquad\qquad\qquad\qquad\qquad$ $3\frac{7}{12}$

## Multiplicar y dividir con fracciones

—Ahora estamos listos para multiplicar y dividir con fracciones —dijo el Oso.

Las abejas finalmente habían salido, y Buzz y el Oso habían terminado de corregir las hojas de trabajo. Buzz y los conejos estuvieron listos para la última lección antes de que el dragón y el Oso salieran a los campos para mover los panales y los últimos conejos volvieran a casa, dejando a Péxeps para descansar después de una larga jornada de atender a todos (aunque él no se quejó, al contrario dijo que fue interesante).

—Después de un poco de experiencia expresando las fracciones con denominadores comunes —continuó el Oso—, apuesto a que estarán felices de saber que, con la multiplicación y división, esto no es necesario. Para multiplicar fracciones simplemente hay que multiplicar, numerador con numerador y denominador con denominador.

$$\frac{1}{2} \times \frac{3}{4} = \frac{3}{8}$$

—¿¡Es todo!?

—¡Wow! —dijo un conejo.

—Por supuesto, es posible que deban reducir la respuesta a sus términos más bajos, como tienen que hacer con todos los problemas con fracciones —agregó el Oso.

—Algo me parece raro —intervino Buzz pensativo.— La respuesta $\frac{3}{8}$ es una fracción pequeña. Es más pequeña que $\frac{1}{2}$ y más pequeña que $\frac{3}{4}$. Estoy acostumbrado a llegar a un número más grande cuando multiplico.

—¡Buen punto! —dijo el Oso.— Al principio puede parecer extraño. Pero piénsalo: si cortas un hotcake a la mitad y después sacas la mitad de esta mitad, es decir, $\frac{1}{2} \times \frac{1}{2}$, terminas con una fracción más pequeña. Una fracción por una fracción resulta en una fracción más pequeña. Todas las operaciones están más o menos patas para arriba con fracciones. Al multiplicar, te sale un número más pequeño, y al dividir, un número más grande.

—¿No es un fraude? —dijo un conejo.— Algunas cosas que nos enseñas me parecen muy raras. ¿Qué nos van a decir cuando sepan que fuimos a multiplicar números con el Oso, y todos nos resultaron más pequeños?

—No es un fraude ni una broma —aseguró el Oso.— Deben deshacerse de ciertas ideas, porque cuando se trata de fracciones, ya no son válidas. Multiplicar con fracciones es fácil —dijo el Oso.— Con números mixtos es un poco más complicado.

$$1\frac{1}{3} \times 3\frac{3}{4}$$

Hay que convertir los números en fracciones impropias y, después de multiplicar, convertirlos otra vez. No puede trabajar los enteros y las fracciones por separado, como con sumas y restas. Pero ahora se convierten muy fácilmente de fracciones impropias a fracciones propias y viceversa, entonces igual de sencillo será el reescribir este problema:

$$\frac{4}{3} \times \frac{15}{4} =$$

Ahora podemos multiplicar numeradores con numeradores y denominadores con denominadores:

$$\frac{4}{3} \times \frac{15}{4} = \frac{60}{12} = 5$$

–También quiero enseñarles un atajo. Consideremos este mismo ejemplo. Tenemos un factor de 4 en el numerador y uno en el denominador. Éstos se cancelan. La relación entre los números será exactamente lo mismo sin ellos, entonces podemos escribir el problema así:

$$\frac{\cancel{4}}{3} \times \frac{15}{\cancel{4}} = \frac{15}{3}$$

De hecho, si quieren sacar otro factor común de 3, lo pueden hacer de esta manera:

$$\frac{\cancel{4}}{\cancel{3}} \times \frac{\overset{5}{\cancel{15}}}{\cancel{4}} = 5$$

El pequeño 5 arriba representa lo que resultó cuando dividiste el 15 entre el 3. No hay nada arriba del 4 porque $\frac{4}{4}$ es 1, el cual no debemos escribir. Esta manera de buscar factores que se cancelan es opcional, la otra forma siempre funciona, pero este procedimiento es práctico y puede ahorrar tiempo.

Les enseñaré otro:

$$3\frac{1}{5} \times 1\frac{1}{4} =$$

Reescribimos con fracciones impropias:

$$\frac{16}{5} \times \frac{5}{4} = 4$$

Los 5 se cancelan, y 4 y 16 tienen un factor común de 4, entonces:

$$\frac{\cancel{16}^{4}}{\cancel{5}} \times \frac{\cancel{5}}{4} = 4$$

Si hacen este problema sin los atajos, hay que escribir:

$$\frac{16}{5} \times \frac{5}{4} = \frac{80}{20} = 4$$

Si no usan el atajo, van a tener que manejar números más grandes. Otra razón para preferir el atajo es que es más divertido. Es muy alegre poder tirar los factores comunes, limpiar todo el desorden y salir con una respuesta clara como 4.

—Dividir fracciones es muy parecido a multiplicarlas, pero una fracción se voltea patas para arriba. Déjame enseñarles:

$$\frac{1}{3} \div \frac{1}{6} =$$

Invertimos el divisor de la segunda fracción, y convertimos la operación en una multiplicación.

$$\frac{1}{3} \times \frac{6}{1} =$$

Ahora multiplicamos:

$$\frac{1}{3} \times \frac{6}{1} = \frac{6}{3} = 2$$

La respuesta es 2. Como les he advertido, dividir entre una fracción resultará en un número más grande.

–Supongamos que está dividendo números mixtos como:

$$3\frac{1}{3} \div 2\frac{1}{2} =$$

Como con las multiplicaciones, primero se convierte todo en fracciones impropias.

$$\frac{10}{3} \div \frac{5}{2} =$$

Invertimos el divisor:

$$\frac{10}{3} \times \frac{2}{5} =$$

Ahora tienen dos opciones, usar el atajo o no usarlo. 5 y 10 tienen un factor común de 5. En todo caso deben convertir su respuesta en forma estándar al fin. Aquí está con el atajo:

$$\frac{\cancel{10}^{2}}{3} \times \frac{2}{\cancel{5}} = \frac{4}{3} = 1\frac{1}{3}$$

Aquí está sin el atajo:

$$\frac{10}{3} \times \frac{2}{5} = \frac{20}{15} = 1\frac{5}{15} = 1\frac{1}{3}$$

¡Y ahora saben todas las operaciones con fracciones!

Cuando los conejos terminaron sus hojas de trabajo, regresaron a casa. Todos se despidieron, prometiendo que pronto iban a reunirse una vez más para resolver problemas de matemáticas. Buzz y el Oso estaban todavía revisando sus últimas hojas de trabajo cuando la abeja mensajera reapareció con una nota escrita.

—¿Qué dice? —preguntó Buzz, preocupado.

—Lo voy a leer —dijo el Oso.

> *Nunca en toda nuestra vida hemos visto una cola tan grande. Tiene escamas y se siente fresco. Queremos saber más de las alas de Buzz. ¿Sabe volar? Algunas abejas creen que podría llevarnos volando a los campos nuevos, pero tememos viajes agitados.*
>
> *Atentamente, las abejas*

—Pueden olvidar su temor a los viajes agitados —comentó Buzz.— Nadie se desliza como yo. Vuelo a la escuela todas las mañanas llevando mi vaso lleno de jugo de naranja, y nunca se me ha derramado una sola gota.—

La abeja mensajera no esperó un segundo más. Salió volando muy emocionada por lo que había escuchado.

—Muy bien —dijo el Oso—, pronto las abejas podrán ir deslizándose muy suavemente a sus nuevos campos.

# Notas

Unidad 4: Fracciones

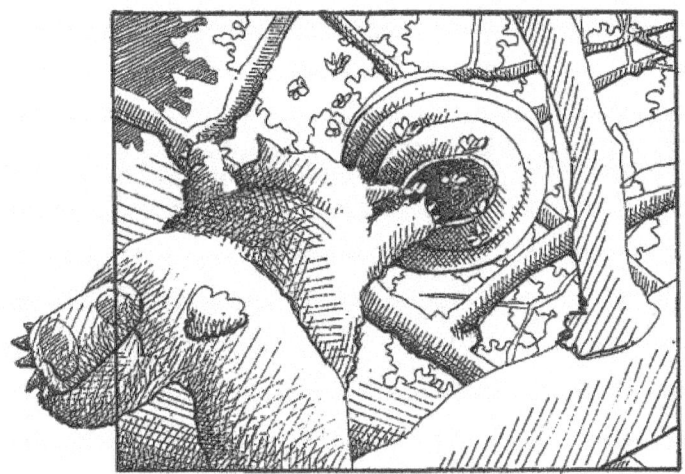

# Hoja de trabajo
## Multiplicar y dividir fracciones

1. Un día el Oso puso a $\frac{1}{2}$ de las abejas en régimen especial de producción de miel tempranera. Entre ellas, $\frac{1}{3}$ debieron terminar antes de la madrugada. ¿Qué fracción de las abejas debió terminar su producción antes de la madrugada?

2. Otro día $\frac{2}{3}$ del mismo grupo de la mitad de las abejas, tenía que terminar antes de la madrugada. ¿Qué fracción de las abejas debió acabar antes de la hora indicada ese día?

3. Multiplica. Como siempre, revisa que tu respuesta esté expresada en forma estándar. Usa el atajo cuando te convenga.

   a) $\frac{1}{3} \times \frac{3}{8} =$

   b) $\frac{3}{5} \times \frac{2}{7} =$

   c) $\frac{2}{7} \times \frac{7}{8}$

4. Convierte a fracciones impropias y multiplica. Expresa la respuesta en forma estándar.

   a) $3\frac{1}{3} \times 2\frac{1}{2} =$

   b) $4\frac{2}{3} \times 1\frac{1}{2} =$

   c) $1\frac{1}{5} \times 2\frac{1}{2} =$

   d) $2\frac{2}{3} \times 2\frac{2}{3} =$

   e) $1\frac{1}{4} \times 2\frac{2}{3} =$

5. Divide:

   a) $\frac{5}{6} \div \frac{1}{3} =$

   b) $\frac{1}{2} \div \frac{3}{8} =$

   c) $\frac{3}{5} \div \frac{1}{2} =$

6. Convierte a fracciones impropias y divide. Expresa la respuesta en forma estándar.

   a) $3\frac{1}{5} \div 1\frac{1}{5} =$

   b) $2\frac{1}{2} \div 1\frac{1}{4} =$

   c) $1\frac{1}{3} \div 3\frac{1}{2} =$

# Respuestas

## Hoja de trabajo

1. $\dfrac{1}{2} \times \dfrac{1}{3} = \dfrac{1}{6}$

2. $\dfrac{1}{2} \times \dfrac{2}{3} = \dfrac{2}{6} = \dfrac{1}{3}$ (forma larga); también $\dfrac{1}{\cancel{2}} \times \dfrac{\cancel{2}}{3} = \dfrac{1}{3}$ (con atajo).

3. a) $\dfrac{1}{3} \times \dfrac{3}{8} = \dfrac{1}{\cancel{3}} \times \dfrac{\cancel{3}}{8} = \dfrac{1}{8}$ (O lo puedes hacer en forma larga y saldrá la misma respuesta).

   b) $\dfrac{3}{5} \times \dfrac{2}{7} = \dfrac{6}{35}$

   c) $\dfrac{2}{7} \times \dfrac{7}{8} = \dfrac{\cancel{2}}{\cancel{7}} \times \dfrac{\cancel{7}}{\underset{4}{8}} = \dfrac{1}{4}$ (O de forma larga).

4. a) $3\dfrac{1}{3} \times 2\dfrac{1}{2} = \dfrac{\overset{5}{\cancel{10}}}{3} \times \dfrac{5}{\cancel{2}} = \dfrac{25}{3} = 8\dfrac{1}{3}$

   b) $4\dfrac{2}{3} \times 1\dfrac{1}{2} = \dfrac{\overset{7}{\cancel{14}}}{\cancel{3}} \times \dfrac{\cancel{3}}{\cancel{2}} = 7$

   c) $1\dfrac{1}{5} \times 2\dfrac{1}{2} = \dfrac{\overset{3}{\cancel{6}}}{\cancel{5}} \times \dfrac{\cancel{5}}{\cancel{2}} = 3$

d) $2\dfrac{2}{3} \times 2\dfrac{2}{3} = \dfrac{8}{3} \times \dfrac{8}{3} = \dfrac{64}{9} = 7\dfrac{1}{9}$

e) $1\dfrac{1}{4} \times 2\dfrac{2}{3} = \dfrac{5}{\cancel{4}} \times \dfrac{\cancel{8}^{2}}{3} = \dfrac{10}{3} = 3\dfrac{1}{3}$

5. a) $\dfrac{5}{6} \div \dfrac{1}{3} = \dfrac{5}{\underset{2}{\cancel{6}}} \times \dfrac{\cancel{3}}{1} = \dfrac{5}{2} = 2\dfrac{1}{2}$

b) $\dfrac{1}{2} \div \dfrac{3}{8} = \dfrac{1}{\cancel{2}} \times \dfrac{\cancel{8}^{4}}{3} = \dfrac{4}{3} = 1\dfrac{1}{3}$

c) $\dfrac{3}{5} \div \dfrac{1}{2} = \dfrac{3}{5} \times \dfrac{2}{1} = \dfrac{6}{5} = 1\dfrac{1}{5}$

6. a) $3\dfrac{1}{5} \div 1\dfrac{1}{5} = \dfrac{16}{5} \div \dfrac{6}{5} = \dfrac{16}{5} \times \dfrac{5}{6} = \dfrac{\cancel{16}^{8}}{\cancel{5}} \times \dfrac{\cancel{5}}{\underset{3}{\cancel{6}}} = \dfrac{8}{3} = 2\dfrac{2}{3}$

b) $2\dfrac{1}{2} \div 1\dfrac{1}{4} = \dfrac{5}{2} \div \dfrac{5}{4} = \dfrac{5}{2} \times \dfrac{4}{5} = \dfrac{20}{10} = 2$

c) $1\dfrac{1}{3} \div 3\dfrac{1}{2} = \dfrac{4}{3} \div \dfrac{7}{2} = \dfrac{4}{3} \times \dfrac{2}{7} = \dfrac{8}{21}$

# UNIDAD 5

## Decimales y porcentajes

**Unidad 5: Decimales y porcentajes**

## Comparamos decimales

Buzz y el Oso salieron rumbo a los panales. En la ruta pasaron por los campos para que Buzz pudiera ver dónde colocar las colmenas. Cuando se acercaban a éstas, el aire se volvió denso con abejas arremolinándose. Muchas miraban a Buzz, quien sintió un poco de temor pero siguió los pasos del Oso y las abejas no le hicieron nada.

El Oso guió a Buzz al centro de un grupo de colmenas. El Oso sacó una lista de las colmenas con sus campos destinados, pero las abejas lo interrumpieron antes de que pudiera empezar a leerla. Volaron por sus orejas muy emocionadas, todas hablando a la vez. Finalmente, el Oso dijo, –Ah, ahora entiendo: todas tienen mucha curiosidad por saber cómo sería volar con Buzz.

Buzz se sintió halagado, lo que le ayudó a superar su temor.

–Pues, no todas pueden ir a la vez –dijo el Oso.– Tendrán que escoger una colmena que vaya primero. ¿Cuál colmena se ofrece?

No llegaron a una decisión. Las abejas tenían curiosidad y miedo a la vez, entonces siguieron ofreciéndose y cambiando de opinión. Finalmente, el Oso dijo, –muy bien, yo voy a escoger la colmena. Escojo la colmena 4, por dos razones. Una: la colmena 4 va a un campo de trébol muy cercano, entonces pronto vamos a saber el reporte de las abejas de esta colmena. Mi segunda razón es que la colmena 4 tiene solamente 6,508 abejas, entonces será más fácil saber si todas están en la colmena.

Por supuesto que se necesitó tiempo para saber que las 6,508 estaban en la colmena, pero finalmente estuvieron seguros. Buzz levantó la colmena, despegó y se deslizó muy suavemente. En menos de un minuto, bajó flotando en un campo de trébol y depositó la colmena en su nuevo lugar. Abejas exploradoras salieron disparadas para volver con su reporte.

–¡Es excelente! –dijeron.– ¡Es súper, es lo máximo! Es maravilloso, no hay nada igual. Queremos mudarnos todas las semanas.

El reporte resultó en una gran conmoción de abejas. Cada colmena quería ser la siguiente. Pronto hubo peligro de una lucha libre de abejas. El Oso sacó su lista e insistió con gran firmeza en seguir el orden escrito, lo que reestableció el control de la situación. Como dijo más tarde a Buzz, –es muy malo cuando las abejas se descontrolan. Es peligroso para todos y tiene efectos desastrosos sobre la producción de miel.

Buzz llevó una tras otra, colmenas de abejas encantadas, siguiendo exactamente el orden de la lista del Oso. Algunas fueron al campo de trébol, otros al de alfalfa, al de naranjo, al de mezquite y al de zarzamora. El Sol se puso mientras la última colmena llegaba a su campo prometido de diente de

**Unidad 5: Decimales y porcentajes**

león. Buzz prometió al Oso que volvería al día siguiente y regresó volando al lago de los dragones, donde su mamá, orgullosa, lo esperaba. El Oso volvió a su cueva. La noche cayó sobre el bosque de Péxeps.

El día siguiente fue un día escolar, entonces ya era tarde cuando Buzz volvió a la cueva del Oso, listo para ir a los campos de producción de miel. –¿Qué haremos hoy? –preguntó.

–Cuestionarios –dijo el Oso.– Es muy pronto para verificar la producción de miel en los nuevos campos, pero no es muy pronto para saber si las abejas están felices con sus nuevos arreglos. El estado de ánimo de las abejas es muy importante para la miel. Si algunos de estos campos resultan experimentos fracasados, tendremos que sacar las abejas de ellos lo más pronto posible. La mejor manera de saber qué pasa con las abejas es darles un simple cuestionario. Después contaremos los cuestionarios y analizaremos las respuestas.

Buzz pensó un momento y dijo, –Oso, no creo que podamos analizarlos bien usando fracciones. Tenemos 37 colmenas y la colmena con menos abejas tiene 6,508 abejas. Con los resultados del cuestionario, supongamos que tengamos 2,367 abejas a las que les gusta la nueva comida y, en otra colmena de 7,996 abejas, tenemos 379 abejas a las que les gusta. Tendríamos fracciones para expresar el grupo al que le gusta la nueva comida como $\frac{2367}{6508}$ y $\frac{379}{7966}$ y en otras colmenas, posiblemente $\frac{4885}{9876}$ y $\frac{211}{20,876}$ ¿Realmente vamos a buscar denominadores comunes para sumar y restar? También sería demasiado complicado multiplicar o dividir. Temo que sea una pesadilla matemática.

La sorpresa de Buzz hizo muy feliz al Oso. –Excelente –dijo el Oso– pensé que iba a tener que convencerte de eso, pero ya te diste cuenta tú solo. Necesitamos una manera diferente para representar nuestra información. Para los cuestionarios debemos aprender **decimales**.

—Probablemente sabes algo sobre decimales –dijo el Oso.– La mayoría de los sistemas de dinero funcionan con decimales. Generalmente hay dos números después del punto decimal que representan las monedas, los centésimos de la unidad, los centavos. Cien de ellos suman una unidad entera. Tal vez hayas ahorrado los dragón-doblones hasta tener suficientes para pagar algo.

$$\begin{array}{r} 3.45 \\ + 2.69 \\ \hline 7.01 \end{array}$$

—O has pagado dragón-doblones y debes restar:

$$\begin{array}{r} 7.12 \\ - 6.83 \\ \hline \end{array}$$

Para saber lo que todavía te sobra, todas estas operaciones se pueden escribir en fracciones, usando 100 como el denominador de los centavos.

$$3\frac{45}{100} + 2\frac{69}{100} + 7\frac{1}{100} =$$

y

$$7\frac{12}{100} - 6\frac{83}{100}$$

Es válido, pero no lo escribimos de esta manera porque no es conveniente.

—Ahora vamos a ver otros números decimales. Por el momento consideraremos solamente los números fraccionarios, sin enteros. Los que has usado para compras pequeñas con dragón-doblones tienen dos lugares decimales: 0.37, 0.25, 0.50, etc. Las fracciones decimales de las cuales vamos a hablar no necesariamente tienen exactamente dos lugares después del punto decimal. En algunos casos el número sigue sin terminar nunca. No podemos representar estos números decimales perfectamente, pero podemos expresarlos hasta un alto grado de precisión. Todos los números decimales tienen la ventaja de ser fáciles de leer, fáciles para trabajar y nos darán, rápido, una respuesta.

—También son fáciles para comparar. Si tienes tres fracciones decimales, es decir, tres números decimales más pequeños que 1, como:

$$0.14, \; 0.99 \; y \; 0.41$$

Es claro cuál es más grande, 0.99. No es siempre el caso con fracciones. Entre:

$$\frac{31}{81}, \frac{13}{38}, \frac{22}{49}$$

no es nada obvio cuál es la más grande. Por eso creo que los decimales serán buenos para darnos un panorama del efecto de los nuevos campos sobre las abejas.

—Ahora consideraremos cómo interpretar decimales con diferentes números de lugares después del punto decimal, como 0.4 y 0.399. Sé que sabes el valor de los diferentes lugares en los números más grandes que 1. Por ejemplo, en el número: 367, el 3 representa 3 cientos, que también puedes expresar como 3 × 100 o 300; 6 representa 6 dieces, y 7 representa 7 unidades. Pues, es igual con los lugares después del punto decimal, todos tienen sus valores. Son valores fraccionarios, valores más pequeños que un entero. El primer lugar expresa los décimos. Cualquier número que está allá se puede expresar como una fracción con denominador de 10. El segundo lugar son los centésimos, el tercer lugar son los milésimos, etcétera.

En el número: 0.768, 7 representa $\frac{7}{10}$, 6 representa $\frac{6}{100}$, 8 representa $\frac{8}{1,000}$.

Para representar cualquier fracción decimal en forma de una sola fracción, pon el número después del punto decimal sobre el valor del lugar **más pequeño** representado. Este número decimal tiene tres lugares, entonces debemos representarlo sobre 1000.

$$0.768 = \frac{768}{1,000}$$

—Cuando tenemos fracciones decimales con diferentes números de lugares, debemos tomar nota de dónde está el punto decimal. Para compararlos, es necesario alinear el punto decimal, para que los décimos, los números de valor más grande, nos sean evidentes.

Aquí hay unos números para comparar:

0.0049, 0.1, 0.099

¿Cuál es el más grande? Los alineamos de esta manera:

0.0099
0.1
0.049

—La parte más grande del número fraccionario decimal es el primer lugar después del punto decimal. Alineados así, vemos que 1 es más grande que los otros números, porque los otros no tienen décimos. ¿Cuál es segundo?

Buzz contestó de inmediato, —es 0.049

—Sí; si no hay nada en el lugar de los décimos, pasa al segundo lugar, etc. Ahora pensemos en cómo convertir el decimal en una fracción. En el caso de 0.555, ¿qué es?

Buzz contestó: $\frac{555}{1,000}$

—¿Pero cómo representamos estos decimales, los que empiezan con 0, o con varios ceros antes del número? —preguntó el Oso.— Con los enteros, nunca escribimos un número que empieza con 0, pero éstos son diferentes. ¿Cómo representaríamos 0.01467 como una fracción decimal?

## Unidad 5: Decimales y porcentajes

—Pues, este decimal tiene 5 lugares —dijo Buzz.— Debe ser importante o no hubiera un 0 allá. A lo mejor se pone este número como numerador sobre 1 con cinco ceros, así:

$$\frac{01467}{100,000}$$

—Caray, se ve muy raro —comentó Buzz, mirándolo desde diferentes ángulos, insatisfecho.

Lo has hecho mejor de lo que piensas —dijo el Oso.— Lo que escribiste es válido. Se puede quitar este 0 al principio porque ya no sigue un punto decimal, así:

$$0.01467 = \frac{1467}{100,000}$$

En la fracción decimal, el 0 fue esencial, y te enseñaré por qué. Escribe esto como fracción:

$$0.1467$$

Buzz contestó: —Tiene 4 lugares, entonces debe ser—:

$$\frac{1467}{10,000}$$

—Correcto —dijo el Oso.— Es otra fracción con otro denominador. Tal vez la manera más fácil para mostrar este punto es comparar 0.1 y 0.01.

$$0.1 = \frac{1}{10}$$
$$0.01 = \frac{1}{100}$$

Supón que tienes 0.001467, ¿qué fracción sería?

—Debe ser 1467 sobre 1 con seis ceros —dijo Buzz.

$$\frac{1,467}{1,000,000}$$

—Excelente. Pronto te acostumbrarás a los decimales y podrás comparar este tipo de fracciones inmediatamente, aun aquellas con diferentes números de lugares después del punto decimal. También estarás feliz al saber cuán fáciles son las operaciones con ellos. Pero sería bueno hacer una hoja de trabajo donde comparemos decimales. Así vas a asegurarte que puedes interpretar la información en los cuestionarios de las abejas.

> Paso importante del Oso
>
> **Los ceros a la izquierda después de un punto decimal siempre son importantes.**

# Notas

Unidad 5: Decimales y porcentajes

## Hoja de trabajo
### Comparamos decimales

1. Escribe estos decimales como fracciones.

   a) 0.00015 =
   b) 0.042 =
   c) 0.125 =
   d) 0.00006 =

2. Escribe estas fracciones como decimales (el Oso puso comas en los números grandes para hacerlos más fáciles de leer).

   a) $\dfrac{25}{100,000} =$

   b) $\dfrac{1}{1,000,000} =$

   c) $\dfrac{368}{10,000} =$

   d) $\dfrac{2345}{10,000} =$

155

3. a) ¿Cuál es el más grande de estos números?

   0.00386, 0.0157, 0.00678, 0.00031, 0.045, 0.07

   b) Escribe los números en orden descendente (del más grande al más pequeño).

4. ¿Qué fracción en el número 0.789 representa el número 9?

5. Escribe estos números como decimales. ¿Cuántos ceros vienen después del punto decimal?

   a) $\dfrac{24}{100,000} =$

   b) $\dfrac{136}{10,000} =$

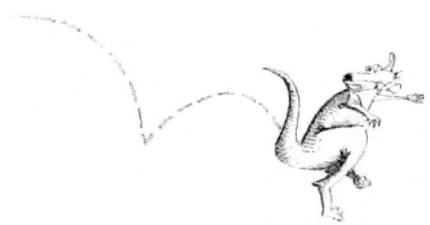

Unidad 5: Decimales y porcentajes

# Respuestas

## Hoja de trabajo

1. a) $0.00015 = \dfrac{15}{100,000}$

   b) $0.042 = \dfrac{42}{1,000}$

   c) $0.125 = \dfrac{125}{1,000}$

   d) $0.00006 = \dfrac{6}{100,000}$

2. a) $\dfrac{25}{100,000}$  $0.00025$

   b) $\dfrac{1}{1,000,000} = 0.000001$

   c) $\dfrac{368}{10,000} = 0.0368$

   d) $\dfrac{2345}{10,000} = 0.2345$

3. a) 0.07
   b) 0.07, 0.045, 0.0157, 0.00678, 0.00386, 0.00031

4. $\dfrac{9}{1,000}$

5. a) 0.00024, tres ceros.
   b) 0.0136, un cero.

**Unidad 5: Decimales y porcentajes**

## Operaciones con decimales

–Veo que no tienes problemas para comparar decimales –comentó el Oso, encorvándose sobre la hoja de trabajo de Buzz para revisarla. El Oso se enderezó.– Estarás muy feliz de ver cuán fáciles son las operaciones con decimales. Debes saber todas las operaciones comunes y además cómo convertir las fracciones a decimales. Este último lo necesitamos para analizar los cuestionarios de las abejas.

–Las sumas y las restas son fáciles si te acuerdas de alinear los puntos decimales.

$$0.467 + 0.03 + 0.00001 =$$

Alineamos los puntos decimales y aseguremos mantener alineadas las columnas:

$$\begin{array}{r} 0.467 \\ +\ 0.03 \phantom{000} \\ \underline{0.00001} \\ 0.49701 \end{array}$$

Restar es parecido. Te puedo dar un caso fácil y un caso difícil. En ambos el chiste es igual: ¡Alínea bien los puntos decimales!

Caso fácil: 0.567 - 0.22 =

$$\begin{array}{r} 0.567 \\ -\ \underline{0.22\phantom{0}} \\ 0.347 \end{array}$$

Caso más difícil: 0.67 – 0.333=

$$\begin{array}{r} 0.6\cancel{7}^{6\ 10} \\ \underline{-0.333} \\ 0.337 \end{array}$$

–El 3 en la columna a la derecha no tiene nada encima, entonces debemos pedir prestado un 10 de la columna de los centésimos, bajando el valor de los centésimos de 7 a 6. Ya has pedido prestado en restas antes; este caso es parecido. Si quieres, lo puedes escribir así:

$$\begin{array}{r} 0.6\overset{6}{\cancel{7}}\overset{10}{0} \\ \underline{-0.3\ 3\ 3} \\ 0.337 \end{array}$$

Aunque los ceros al principio de un decimal son muy importantes, al final del decimal no importan nada; agrégalos según tu conveniencia.

$$0.67 = 0.670 = 0.6700000$$

## Unidad 5: Decimales y porcentajes

–Multiplicar con decimales también es fácil. En primer lugar, sólo debes multiplicar los números y dejas el punto decimal para después:

$$0.367 \times 0.45 =$$

Realicemos la operación:

$$\begin{array}{r} 0.367 \\ \times 0.45 \\ \hline 1835 \\ 1468\phantom{0} \\ \hline 16515 \end{array}$$

Ahora hay que contar los lugares después del decimal en cada uno de los números que multiplicaste, sumarlos y dar este número de lugares decimales a tu respuesta.

Contamos los lugares decimales. 3 en el primer número, 2 en el segundo.

$$3 + 2 = 5$$

Ponemos el punto decimal para dar 5 lugares decimales:

$$0.367 \times 0.45 = 0.16515$$

El punto decimal no siempre va al principio de las cifras. Puede ir en cualquier lugar. El único caso tramposo es si no hay suficientes cifras en la multiplicación para los lugares decimales que se necesitan para la respuesta. En este caso hay que poner ceros al principio del decimal para salir con el número de lugares decimales requeridos.

$$0.01 \times 0.1$$

–Se ve más claramente presentado así:

$$\begin{array}{r} 0.01 \\ \times 0.1 \\ \hline \end{array}$$

Puedes escribir el producto como 1 o 01, pero en todo caso no vas a tener suficientes lugares decimales. Requieres 2 + 1 = 3 lugares decimales. Debes poner dos ceros antes del 1. La respuesta es 0.001.

¿Ya te diste cuenta de que cuando multiplicamos un número fraccionario por otro fraccionario (es lo mismo escrito como decimal o como fracción), la respuesta es muy pequeña? Números muy pequeños tienen ceros después del punto decimal, ¡a veces tienen muchos!

—Ahora te daré una hoja de trabajo para asegurar que entiendas bien todas estas operaciones. Pronto veremos la operación más importante de todas: la división. Es lo que necesitamos para convertir las fracciones a decimales.

—¡Guau! —dijo Buzz— me gustan las matemáticas! Es lo que quiero, una manera de escribir los resultados de nuestro cuestionario en decimales. Pero no me molesta hacer la hoja de trabajo. De hecho, parece que me gustan las matemáticas.

—Has sido muy paciente —dijo el Oso—, y esto es bueno porque hay muchas matemáticas en la crianza de abejas. Nunca puedo decidir si se trata más de matemáticas o de psicología de abejas.

—Estas operaciones con decimales que estás realizando también serían muy buenas para la feria. Péxeps y yo estamos organizando un gran Matematón al aire libre para el sábado venidero. Todos estarán invitados. Quiero que tú te encargues de la mesa de los decimales. Los jóvenes conejos se encargarán de la mesa de fracciones, Abuelita Conejita y su grupo de coser van a atender la mesa de exponentes, muchos van a tomar cargo de algo. Queremos matemáticos, rifas con premios, botanas.

—¿Cómo van a rifar?—, preguntó Buzz, —¿Hay boletos para poner en un sombrero?

## Unidad 5: Decimales y porcentajes

–No estoy seguro. Todos están invitados, no se requiere boleto para asistir. Supongo que podremos distribuir fichas para la rifa, en la puerta.

–Si está al aire libre, no habrá puerta, –intervino Buzz.

–Mmm…, las rifas pueden ser problemáticas –dijo el Oso.– Ni modo, antes del sábado vamos a precisar todo esto.

> Paso importante del Oso
>
> **Sumar y restar. Asegúrate de alinear bien los puntos decimales.**
>
> **Multiplicar. Cuenta los lugares decimales de los números que multiplicas y dale a tu respuesta la suma de estos lugares. Si es necesario, agrega ceros después del punto decimal.**

Unidad 5: Decimales y porcentajes

# Hoja de trabajo
## Operaciones con decimales

Cuando sumes o restes decimales, acuérdate de alinear bien las columnas.

1. Suma:

    a) 0.0067 + 0.157 + 0.8 =
    b) 0.31 + 0.4567 =
    c) 0.00049 + 0.234 + 0.6 =
    d) 0.74 + 0.0001 =

2. Resta:

    a) 0.987 − 0.61 =
    b) 0.68 − 0.299 =
    c) 0.7 − 0.35 =
    d) 0.911 − 0.48 =
    e) 0.8765 − 0.39 =

3. Multiplica:
   a) 0.64 × 0.3 =
   b) 0.006 × 0.31 =
   c) 0.616 × 0.02 =
   d) 0.123 × 0.009 =
   e) 0.49 × 0.05 =

# Unidad 5: Decimales y porcentajes

# Respuestas

## Hoja de trabajo 1

1. a)
```
    0.0067
  + 0.157
    0.8000
    ──────
    0.9637
```

(No es necesario agregar ceros al fin del número decimal, como 0.8000, pero lo puedes hacer si esto hace más claro tu trabajo.)

b)
```
    0.31
  + 0.4567
    ──────
    0.7667
```

c)
```
    0.00049
  + 0.234
    0.6000
    ───────
    0.83449
```

d)
```
    0.74
  + 0.0001
    ──────
    0.7401
```

2. a)
```
    0.987
  − 0.61
    ─────
    0.377
```

b)
```
         5 7
    0.6̸ 8̸ 0̸
  − 0.2 9 9     (En éste hay que tomar prestado dos veces.)
    ─────────
    0.3 8 1
```

167

c) $\begin{array}{r} 0.\overset{6}{\cancel{7}} \\ 0.35 \\ \hline 0.35 \end{array}$

d) $\begin{array}{r} 0.\overset{8}{\cancel{9}}11 \\ 0.48 \\ \hline 0.431 \end{array}$

e) $\begin{array}{r} 0.\overset{7}{\cancel{8}}765 \\ -0.3900 \\ \hline 0.4865 \end{array}$

3. a) $\begin{array}{r} 0.64 \\ \times 0.3 \\ \hline 0.192 \end{array}$

b) $\begin{array}{r} 0.006 \\ \times\ 0.31 \\ \hline 006 \\ 0018 \\ \hline 0.00186 \end{array}$

c) $\begin{array}{r} 0.616 \\ \times 0.02 \\ \hline 0.01232 \end{array}$

d) $\begin{array}{r} 0.123 \\ \times .009 \\ \hline 0.001107 \end{array}$

e) $\begin{array}{r} 0.49 \\ \times 0.05 \\ \hline 0.0245 \end{array}$

**Unidad 5: Decimales y porcentajes**

# Dividir decimales

El Oso apenas echó un vistazo a la hoja de trabajo de Buzz cuando Buzz dijo, –¿Cómo puedo ser el experto de todo el bosque en decimales para el Matematón del sábado venidero, cuando todavía no sé dividirlos? Pues ¡vámonos!

Por un momento el Oso tuvo la sospecha de que su aprendiz pudiera ser un joven dragón mandón y molesto, pero después decidió que Buzz tenía razón. –Está bien –dijo.– Pensaremos en algunas divisiones con fracciones decimales. Aquí hay un ejemplo fácil:

$$0.78 \div 2 =$$

Éste no nos dará problemas porque el divisor no es un número decimal. En este caso solamente debes alinear bien el punto decimal en la respuesta.

—Hagámoslo así:

$$2\overline{)0.78}$$

El punto decimal en la respuesta va directamente encima del punto decimal en el dividendo.

$$2\overline{)0.78}^{\,0.39}$$

Mira este caso:

$$2\overline{)0.18}$$

En este caso, se pone el punto decimal en el lugar debido y después, como 2 no va en 1, hay que poner 0 en el primer lugar. No puedes brincar un lugar decimal en división, los lugares decimales son muy importantes.

$$2\overline{)0.18}^{\,0.09}$$

—La respuesta es 0.09.

—0.9 no es la respuesta correcta. Para verificar esto, multiplica $0.9 \times 2$. Resulta con solamente un lugar decimal, 1.8. No es el dividendo correcto.

—Cuando tu divisor es un número decimal, hay otro paso.

$$0.78 \div 0.2 =$$

Comienzas de la manera normal:

$$0.2\overline{)0.78}$$

## Unidad 5: Decimales y porcentajes

Después, para continuar trabajando este problema, debes arreglar el punto decimal en el divisor. Lo debes mover a la derecha hasta que lo quites de enmedio, tomando nota de cuántos lugares lo has cambiado. En este caso, un lugar es suficiente. Mover el punto decimal a la derecha un lugar es como multiplicar el divisor por 10. Para compensar, debes hacer lo mismo con el dividendo. Lo movemos un lugar a la derecha también, efectivamente multiplicando el dividendo también por 10.

–Una división es una razón, se refiere a la relación del divisor y dividendo. Lo que hacemos al divisor (sea multiplicar, dividir o cambiar el punto decimal) debemos hacerlo al dividendo. En este caso movemos ambos puntos decimales un lugar a la derecha, o se puede decir que multiplicamos ambos números por 10. Resulta así:

$$2.\overline{)7.8}$$

Después lo trabajamos como una división normal, teniendo cuidado de poner el punto decimal en el lugar correcto.

$$\begin{array}{r} 3.9 \\ 2\overline{)7.8} \end{array}$$

La respuesta es 3.9

–Debes acordarte de que es el divisor el que rige cuántos lugares mueves el punto decimal. El punto decimal puede estar en cualquier lugar en el dividendo, pero debe estar al final del divisor.

–Algunas divisiones no salen con números cerrados. Aquí hay una:

$$0.22\overline{)0.55}$$

Primero movemos los puntos decimales.

$$22.\overline{)55.}$$

Esta división resulta 2 con un residuo 11.

$$\begin{array}{r} 2. \phantom{0} \\ 22.\overline{)55.} \\ \underline{44} \\ 11 \end{array}$$

Hay tres formas para expresar la respuesta con el residuo.

1. Como residuo: 2R11
2. Podemos escribir el residuo como una fracción: $2\frac{11}{12}$. Hay que reducirla para expresarla en términos más bajos: $2\frac{1}{2}$.
3. Aquí está la técnica especial para decimales: podemos seguir dividiendo para llevarlo a más lugares decimales. Podemos agregar ceros al final del dividendo y seguir dividiendo.

$$\begin{array}{r} 2.5 \phantom{0} \\ 22.\overline{)55.0} \\ \underline{44} \phantom{.0} \\ 110 \\ \underline{110} \end{array}$$

La respuesta expresada como número decimal es 2.5. En algunos casos, como éste, la división sale pronto con números cerrados. En otros casos las fracciones decimales no salen con números cerrados. A veces puedes ver que no importa cuántos ceros se agregan, nunca saldrá un número cerrado, como en este ejemplo:

$$0.1 \div 0.3 =$$

Hagámoslo así:

## Unidad 5: Decimales y porcentajes

$$0.3 \overline{)0.1}$$

Primero arreglamos los puntos decimales.

$$3 \overline{)1}$$

Debemos agregar cero porque 3 no va en 1.

$$3. \overline{)1.0}\phantom{)} \!\!\!\!\!\!\!\!\!\!\!\!\!\!\!\!\!\!^{0.3}\, R1$$

No sale cerrado. Agregamos otro cero:

$$3. \overline{)1.00}\phantom{)} \!\!\!\!\!\!\!\!\!\!\!\!\!\!\!\!\!\!^{0.33}\, R1$$

No sale cerrado. Agregamos otro cero:

$$3. \overline{)1.000}\phantom{)} \!\!\!\!\!\!\!\!\!\!\!\!\!\!\!\!\!\!^{0.333}\, R1$$

–Oh, oh –dijo Buzz.– Esto va a seguir al infinito.

–Exacto–, dijo el Oso. –No todas las divisiones salen con números cerrados, no obstante cuantos ceros agreguemos o hasta cuantos lugares las llevemos. No necesariamente quiere decir que la división en forma decimal no nos ayude en estos casos. Cuando llevamos la división a muchos lugares decimales, sacamos una respuesta muy precisa, aunque no es perfecta. Puede mostrarnos mucho. Si necesitamos la perfección, en estos casos tendremos que usar fracciones, pero casi siempre es suficiente usar los decimales.

–Podemos usar decimales para expresar números enteros y números mixtos también. Todos los enteros se pueden expresar como números decimales, poniendo el punto decimal después del número y agregando cuántos ceros nos convengan.

$$3 = 3.0 = 3.00000$$

También con números mixtos, si quieres llevar una división hasta más lugares (o por cualquier otra razón) siempre puedes agregar ceros al final.

$$3.38 = 3.380 = 3.380000$$

Puedes llevar cualquier división hasta cuantos lugares quieras, agregando ceros después del punto decimal. Si la división sale en número cerrado, puedes extender la respuesta a cuantos lugares se necesite: los últimos lugares son ceros. Si necesitas 2 ÷ 5 expresado en milésimos, aquí está:

$$5 \overline{)2.000} \phantom{x} 0.400$$

–Supón que necesitamos 1 ÷ 7 llevado a milésimos:

$$1 \div 7 =$$

Empezamos así, agregando ceros hasta el lugar de los milésimos:

$$7 \overline{)1.000} \phantom{x} 0.142$$

–Ahora, te voy a decir lo más importante; lo he estado guardando para el fin –dijo el Oso.

–¡Dígame! –dijo Buzz, fascinado.

–**Las fracciones son divisiones**. Siempre puedes expresar una fracción como un decimal, nada más hay que realizar la división. Ya sabías que las fracciones son razones o relaciones; pues, de hecho, la relación es una división.

$$\frac{3}{4} = 3 \div 4 = 4\overline{)3}$$

Vamos a llevar esta división a centésimos y sacar una representación decimal de $\frac{3}{4}$.

## Unidad 5: Decimales y porcentajes

$$4 \overline{)3.00}^{\,0.75}$$

Como esta división salió en número cerrado, no hay ninguna imprecisión:

$$\frac{3}{4} = 0.75$$

–Podemos sacar una representación en números decimales de las respuestas a los cuestionarios de las abejas. Si la división no sale perfecta, basta con llevarla a dos lugares decimales de precisión.

–¡Qué idea tan atractiva! –dijo Buzz.– Una fracción es nada más una división. Una vez que se supera la idea de que hay que dividir el número más grande entre el número más chico, se abren nuevas posibilidades. Vamos a dividir el número de abejas que quieren sus nuevos campos entre el número de abejas en la colmena. Es lo que sugieres, ¿no?

–¡Sí!–, dijo el Oso.

–Sacaremos respuestas pequeñas en decimales. Pero es fácil, ya estoy acostumbrado a ellas –dijo Buzz. Él y el Oso llevaron enormes brazadas de cuestionarios y una caja de lápices y salieron rumbo a los campos de miel.
–Es un cuestionario muy fácil –dijo el Oso.– ¿Me puedes ayudar a recogerlos y contar las respuestas? ¿O te esperan en el lago de los dragones?

–Puedo ayudar –dijo Buzz.– Mi madre casi ha dejado de preocuparse de que me meta en una pelea porque tengo mucha responsabilidad ahora; no creo que se preocupe, a no ser que vuelva muy tarde.

–Péxeps dijo que iba a venir para ayudarnos a contar los votos de las abejas también –dijo el Oso.– Creo que lo veo en la vereda ahora. Para mañana, estaremos listos para convertir los datos en números decimales. Tengo una idea más que nos ayudará a representar los datos. Te la voy a enseñar, y después, ¡el gran matematón!

# Hoja de trabajo
## Dividir decimales

1. a) 0.36 ÷ 2 =
   b) 0.28 ÷ 4 =

2. a) 36 ÷ 0.2 =
   b) 4 ÷ 0.02 =
   c) 35.7 ÷ 0.7 =
   d) 3.56 ÷ 0.2 =

3. Divide y llévalo hasta dos lugares decimales de precisión. Si el cociente no sale en números cerrados después de dos lugares decimales, hay que saber si el tercer lugar sería 5 o más. Si es así, hay que redondear el segundo lugar decimal para arriba.

   a) 0.4896 ÷ 0.34 =
   b) 0.316 ÷ 0.9 =
   c) 0.0168 ÷ 2.4 =

4. Convierte estas fracciones en decimales con dos lugares decimales de precisión.

a) $\dfrac{1}{4} =$

b) $\dfrac{3}{8} =$

c) $\dfrac{1}{9} =$

d) $\dfrac{21}{22} =$

Unidad 5: Decimales y porcentajes

# Respuestas

## Hoja de trabajo

1. a) $0.36 \div 2 = 2\overline{)0.36}^{\,0.18}$

   b) $0.28 \div 4 = 4\overline{)0.28}^{\,0.07}$

2. a) $36 \div 0.2 = 2\overline{)36.} = 2.\overline{)360.}^{\,180.}$

   b) $4 \div 0.02 = 0.02\overline{)4} = 2.\overline{)400.}^{\,200.}$

   c) $35.7 \div 0.7 = 0.7\overline{)35.7} = 7.\overline{)357.}^{\,51.}$

   d) $3.56 \div 0.2 = 0.2\overline{)3.56} = 2.\overline{)35.6}^{\,17.8}$

3. a) $0.4896 \div 0.34 = 0.34\overline{)0.4896} = 34.\overline{)48.96}^{\,1.44}$
   $$\phantom{0.4896 \div 0.34 = 0.34\overline{)0.4896} = 34.)}\underline{34\phantom{.00}}$$
   $$\phantom{0.4896 \div 0.34 = 0.34\overline{)0.4896} = 34.)}149\phantom{.0}$$
   $$\phantom{0.4896 \div 0.34 = 0.34\overline{)0.4896} = 34.)}\underline{136}\phantom{.0}$$
   $$\phantom{0.4896 \div 0.34 = 0.34\overline{)0.4896} = 34.)}136$$
   $$\phantom{0.4896 \div 0.34 = 0.34\overline{)0.4896} = 34.)}\underline{136}$$

   b) $0.316 \div 0.9 = 0.9\overline{)0.316} = 9.\overline{)3.160}^{\,.351} = 0.35$

## Decimales y porcentajes

Al día siguiente, en la tarde, Buzz y el Oso se reunieron con Péxeps en su casa para tomar té. El Oso había prometido a las abejas un reporte matemáticamente válido sobre el experimento de los campos de miel, con pronósticos sobre la producción de la miel y una decisión sobre si Buzz debería recolocar algunas de las colmenas. Parecía una jornada llena de trabajo para preparar todo eso. Además Péxeps quería terminar de planear el Gran Matematón. –Unirá al bosque y dará a todos una oportunidad para divertirnos mucho, dijo Péxeps.

## Unidad 5: Decimales y porcentajes

—¿Cómo se ven los datos de los cuestionarios de las abejas? —preguntó Buzz, sirviéndose un plato de galletas de miel y una olla grande de té.

—Se ven bien —dijo el Oso.— Tengo aquí una lista con el número de abejas en los panales con su número de respuestas positivas. Hay muchos "sí" de todas las colmenas, no obstante qué clase de comida nueva tienen. Les gustan los dientes de león, los tréboles, el azahar, todo. Péxeps y yo hemos estado dividiendo los números de respuestas positivas entre el número de abejas en los panales y llevándolos hasta dos lugares decimales. Todavía no he calculado ninguno con resultado de menos de 0.50. Como 0.50 es $\frac{1}{2}$, quiere decir que a la mayoría de todos los panales les gusta su comida nueva.

—Quizá toda la banda necesitaba un cambio —dijo Buzz.— Déjenme calcular uno.

—Está bien —dijo el Oso—, aquí tenemos que la colmena 24, fue colocada en una huerta de naranjos. Tiene 8,566 abejas, de las cuales 6,399 afirman que les gusta el azahar.

—¡Ah! —dijo Buzz— a $\frac{6,399}{8,566}$ les gusta el azahar. La división puede ser un poco difícil, pero estoy muy feliz porque no debemos manejarla en forma fraccionaria.

$$\begin{array}{r} 0.74 \\ 8,566{\overline{\smash{)}}\,6,399.00} \\ \underline{5,996\;2}\phantom{0} \\ 402\;80 \\ \underline{342\;64} \end{array}$$

De hecho no debo seguir, ¿verdad? Una vez que sé cuál es el segundo número, el residuo no importa porque no voy a continuar.—

—Pues —dijo el Oso— para estar absolutamente seguro del segundo lugar decimal, debes seguir hasta un lugar más, porque si el siguiente lugar es 5 o más, se redondea para arriba, es decir, hasta 0.75.

—Está bien, voy a seguir –dijo Buzz.

```
            0.747
8,566 ) 6,399.000
        5,996 2
          402 80
          342 64
           60 160
           59 962
```

—Ya terminé. No debo calcular la resta. Ya comprobé que la representación decimal con dos lugares de precisión es 0.75. Es una gran parte del panal. Al Panal 24 le gustan mucho esas flores.

Péxeps, el Oso y Buzz trabajaron a la vez, así terminaron los cálculos en poco tiempo. Terminaron con 37 números decimales, uno por cada panal. Como el Oso observó, ninguno fue menos de 0.50 y muchos fueron más de 0.80.

—¿Entonces qué debemos decir a las abejas, Buzz? –preguntó el Oso.

Buzz revisó los números una vez más. —No veo motivo para cambiar otra vez a ningún panal –dijo.– A las abejas les gustan algunas comidas nuevas un poco más que otras, pero la mayoría de las abejas en todos los panales parecen felices con el cambio de ayer. Creo que debemos decirles que se quedarán donde están.

Péxeps se detuvo un momento para escribir los resultados en una gran pancarta y le dijo a Buzz, —Quizá podrían quejarse porque quieren más viajes volando con el dragón. ¿Qué vas a hacer en este caso?

> **Tú también puedes revisar las cifras. La presentación de la pancarta está incluida en la hoja de trabajo.**

—Pues las abejas respetan los documentos, al menos a veces –replicó Buzz.– Ayer el Oso pudo calmarlas cuando insistió en seguir el orden de su lista escrita. Tal vez podamos emplear su pancarta de manera parecida. Podemos enseñarles a las abejas que la

## Unidad 5: Decimales y porcentajes

presentación en la pancarta indica que un análisis matemático comprueba que la mayoría de ellas están en situación favorable.

–Buena idea, podemos intentarlo –dijo el Oso.– Tengo otra idea también sobre cómo representar la información. A las abejas tal vez les guste. Hemos llevado estas divisiones hasta los centésimos –dijo el Oso.– Lo planeé así porque te quiero explicar cómo representar datos como porcentajes, por cientos. 'Por ciento' quiere decir 'entre cien'. A veces es útil expresar algo en términos de cuántos, entre cien, comparten una característica. En este caso, vamos a hablar de a cuántas abejas, entre cada cien que vive en la colmena, les gustan las zarzamoras. Como ya tienes la fracción decimal hasta las centésimas, la respuesta es inmediata: 75 abejas entre cada cien. Se escribe con %. A 75% de las abejas de la colmena 24 les gusta el azahar.

–Como hay 100% en el total, si a 75% le gusta el azahar:

$$\begin{array}{r} 100 \\ -75 \\ \hline 25 \end{array}$$

debe ser que a 25% no le gusta. Es una minoría bastante grande. En el caso de algunos otros animales, una situación en la cual a 25% no les gustaran las flores de naranjo sería un problema, porque este 25% podría estar quejándose constantemente. En el caso de un panal con un número enorme de abejas, habrían muchísimas gruñonas.

–Pero en este caso la psicología de las abejas funciona a nuestro favor. Las abejas son muy sociables y toman en cuenta los intereses del panal en general. Una vez que saben que 75% aprueba, es muy probable que cooperen.

–Fascinante –dijo Buzz.– Nunca sospeché que sería tan interesante criar abejas. Pero tengo una pregunta sobre estos porcentajes. Hay muchos decimales en las hojas de trabajo, y no todos están en centésimos. ¿Qué de 0.3 o 0.6254? ¿Cómo se expresan estos números en porcentajes?

El Oso dijo, –en el caso de 0.3, apuesto que puedes contestar por ti mismo. ¿Qué sería 0.3 llevado a 2 lugares decimales?

Buzz dijo:

$$0.30$$

Pues, una vez que lo escribo así, es evidente que debe ser 30%.

–Sí –dijo el Oso.– En el caso de 0.6254, es un poco más difícil. Básicamente, para sacar un porcentaje de una representación decimal, la multiplicamos por 100. ¿Qué pasa con el punto decimal si multiplicamos 0.6254 por 100?

$$\begin{array}{r} 0.6254 \\ \times 100 \\ \hline 62.5400 \end{array}$$

–Sería 62.5400%. Los ceros al fin de un decimal no importan, entonces es 62.54%. En otras palabras, cuando multiplicamos por 100, movemos el punto decimal dos lugares a la derecha. Si quieres el porcentaje en números enteros, puedes redondearlo. En este caso lo puedes expresar como 63%. También es común expresar los porcentajes dejando sus componentes fraccionarios, expresados como decimales o como fracciones ordinarias.

–Hay diferentes maneras de explicar esta situación a las abejas. Puedes decir que al $\dfrac{6,399}{8,566}$ de la colmena 24 les gusta su nueva comida de flor de naranjo, o puedes decir que a 0.75 o 75% de ellas les gusta, o puedes llevar la división a más lugares decimales para expresarlo como un decimal o un porcentaje más preciso. Puedes escoger la manera que te parezca más clara.

Péxeps terminó de hacer la pancarta de los resultados de los cuestionarios y empezó a hacer una lista de muchas cosas para el gran Matematón: qué animales se encargarían de la mesa según el tema matemático, cuál refrigerio iba a llevar

> **Paso importante del Oso**
>
> **Para cambiar un decimal a un porcentaje, mueve el punto decimal dos lugares a la derecha.**

## Unidad 5: Decimales y porcentajes

en su mesa y quién se encargaría de traerlo, etc. Buzz y el Oso ayudaron. Finalmente, hicieron un mapa del campo para indicar dónde iban a armar las mesas. Trabajaron mucho tiempo. Puedes ver los resultados en la Gran Hoja de Trabajo del gran Matematón, que tiene preguntas de todos los temas de este libro. ¡Péxeps, Buzz y el Oso les desean buena suerte con ella!

# El gran Matematón

## Un repaso de todo en este libro

# Hoja de trabajo final
## Ejercicio 1. El gran Matematón

Aquí hay un mapa del gran Matematón. Los puntos representan mesas donde grupos del bosque de Péxeps ofrecen actividades. Esta hoja de trabajo tiene problemas de todas las mesas.

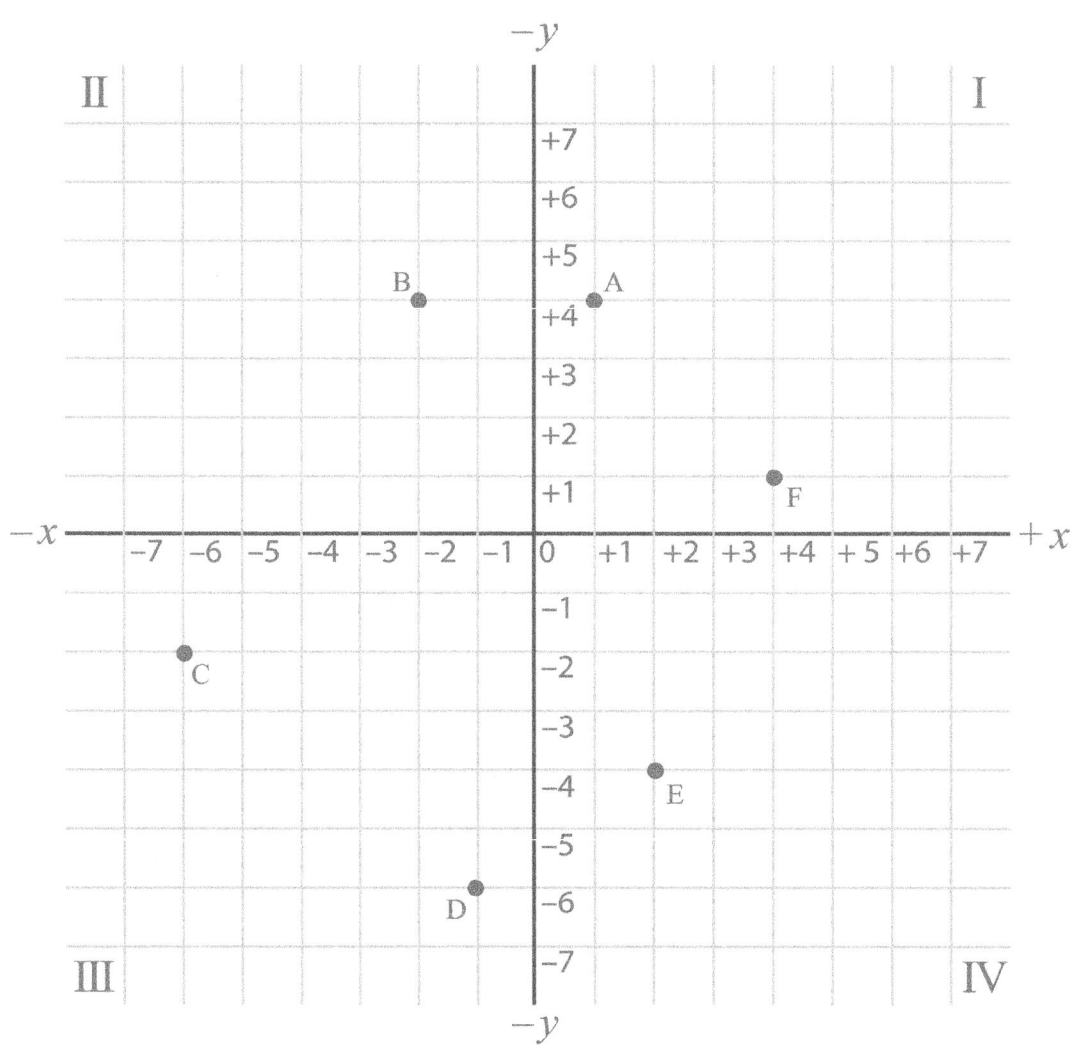

# El gran matematón

Acuérdate: ¡Cuando escribes coordenadas cartesianas, la X va primero!

1. **Punto A** es la mesa de Buzz. Es el encargado de los decimales, los porcentajes y la limonada. Su madre y algunos de sus primos planearon ayudarle en su mesa, pero son tan enormes que ocuparon casi todo el campo de margaritas. En vez de obligar a que todas las otras mesas se aglomeraran en una esquina, decidieron repartir los dragones, uno por mesa. Unas lechuzas y una tortuga vinieron para ayudar a Buzz. ¿Cuáles son las coordenadas de la mesa de Buzz?

2. **Punto B** es la mesa de los exponentes, donde la Abuelita Conejita y sus amigos, más un dragón, reparten zanahorias, pastel de zanahoria y problemas de matemáticas de exponentes. Hay muchos conejitos nietos bebés subiendo por esta mesa, ¿cuáles son sus coordenadas?

3. **Punto C** representa la mesa de números negativos. Por supuesto los canguros pidieron una mesa en el Cuadrante III, donde las dos coordenadas son números negativos. Paratrás y sus hermanos ayudan a la gente con problemas como los de la sección de números negativos que sigue, y el dragón que les ayuda reparte fresas con crema (este dragón no es muy bueno con números negativos.) ¿Cuáles son las coordenadas de esta mesa?

4. Había tantas operaciones con fracciones que las fracciones tuvieron que dividirse entre dos mesas. **Punto D** es la mesa para sumar y restar fracciones; la mesa en el **Punto E** es para multiplicar y dividir fracciones. Cada una de estas dos mesas tiene 20 conejos y un dragón para repartir hojas y galletas de trébol. ¿Cuáles son las coordenadas del Punto D y del Punto E?

5. **Punto F** es la mesa de Péxeps, donde él y un dragón inscriben a los animales para la rifa. Tienen una canasta grande de hojas con números escritos en ellas. Cada animal escoge una hoja. Péxeps escribe el nombre del animal donde está el número de su hoja en la lista. Cuando viene la hora de la rifa, el dragón que le ayuda va a volar hasta muy alto sobre el

Matematón con la canasta de hojas y soltarlas. La hoja que aterriza en la piedra especial sobre la mesa de Péxeps (o que más se acerque) ganará. ¿Cuáles son las coordenadas de la mesa de Péxeps?

El Oso, acompañado por un enjambre de abejas, supervisa todo el Matematón. Planeaba estar igualmente en todas las mesas pero debe ir a la Mesa D más frecuentemente porque el dragón allá no puede encontrar un denominador común.

6. El Oso está en la Mesa D y quiere hablar con Péxeps. ¿Cuánto debe ir en el sentido X? ¿En el sentido positivo o negativo? ¿Cuánto debe ir en la dirección Y? ¿En sentido positivo o negativo?

# Ejercicio 2. Números negativos
# Selecciones de los canguros en la Mesa C

Recuerda: Menos por un menos es un más.

Un número escrito sin signo es positivo.

1. $+3 - 8 =$
2. $-4 - 3 =$
3. $-4 + 7 =$
4. $-4 - (-3) =$
5. $+4 - (+3) =$
6. $-6 \times -6 =$
7. $-3 \times +3 =$
8. $4 \times -2 =$
9. $9 \div -9 =$
10. $-6 \div 3 =$
11. $-14 \div -7 =$

# Ejercicio 3. Exponentes y Poderes de 10
# Selecciones de la mesa de la Abuelita Conejita y sus amigos

1. La Abuelita Conejita tuvo 4 conejos. Cada uno de sus hijitos tuvo 4 conejitos, etc. Expresa sus tataranietos como un número base con un exponente.

2. Enseña sus tataratataranietos como un número base con un exponente.

3. Expresa el siguiente como un número con un exponente. No debes calcularlo.

    $4^5 \times 4^7 =$

4. Expresa el siguiente como un número con un exponente y calcúlalo.

    $4^7 \div 4^5 =$

5. Expresa éste como un número ordinario.

    $10^5 =$

6. Expresa la respuesta como números con exponentes.

    $10^3 \times 10^6 =$

7. Expresa la respuesta como números con exponentes.

    $10^6 \div 10^3 =$

8. Expresa la respuesta en potencias de 10.

    $2 \times 10^6 \times 3 \times 10^2 =$

9. Expresa la respuesta en potencias de 10.

   $4 \times 10^9 \div 2 \times 10^7 =$

10. Expresa la última respuesta como número ordinario.

# Ejercicio 4. Sumar y restar fracciones
## Selecciones de 30 conejos y un dragón en la Mesa D

1. a) $\dfrac{4}{7} = \dfrac{\square}{28}$

   b) $\dfrac{2}{9} = \dfrac{\square}{63}$

2. a) Un día el Oso dio $\dfrac{1}{2}$ cubeta de miel a Péxeps, $\dfrac{7}{8}$ cubeta de miel a un canguro grande, y $\dfrac{1}{16}$ cubeta a un ratón. ¿Cuánta miel surtió aquel día?

   b) ¿Fue más o menos que $1\dfrac{1}{2}$ cubetas?

3. a) Tres conejitos comieron $\dfrac{1}{3}$, $\dfrac{1}{2}$ y $\dfrac{1}{4}$ de hotcakes. ¿Cuántos hotcakes comieron en total?

   b) Si Pexeps hizo 2 hotcakes, ¿cuántos sobran?

4. Suma. Acuérdate de expresar tus respuestas en forma estándar.

   a) $\dfrac{1}{2} + \dfrac{2}{7} =$       b) $\dfrac{1}{4} + \dfrac{7}{8} =$

5. Resta

   a) $\dfrac{3}{5} - \dfrac{1}{8} =$

   b) $2\dfrac{3}{7} - 1\dfrac{8}{14} =$

   c) $5\dfrac{1}{5} - 3\dfrac{1}{4} =$

## Ejercicio 5. Multiplicar y dividir fracciones
### Selecciones de otros conejos y otro dragón en la mesa E

1. 
   a) $\dfrac{2}{3} \times \dfrac{3}{4} =$

   b) $2\dfrac{1}{2} \times 3\dfrac{1}{3} =$

   c) $3\dfrac{1}{2} \times 2\dfrac{1}{3} =$

2. 
   a) $\dfrac{2}{3} \div \dfrac{3}{4} =$

   b) $3\dfrac{2}{3} \div 1\dfrac{1}{2} =$

   c) $4\dfrac{1}{4} \div \dfrac{3}{4} =$

## Ejercicio 6. Decimales y porcentajes
### Selecciones de la Mesa de Buzz

Éste es el cuadro que elaboró Péxeps con los resultados de los cuestionarios de las abejas. Por cada una de las 37 colmenas, el número de respuestas positivas a la pregunta "¿Prefieres la comida nueva a la comida de antes?" se dividió entre el número de abejas en la colmena.

| Cuadro de Péxeps |||
|---|---|---|
| Número de colmena y nueva comida | Población | Respuestas positivas |
| 1 trébol | 8,746 | 0.67 |
| 2 trébol | 10,003 | 0.89 |
| 3 trébol | 21,056 | 0.79 |
| 4 trébol | 6,508 | 0.87 |
| 5 trébol | 6,792 | 0.79 |
| 6 trébol | 13,336 | 0.77 |
| 7 trébol | 11,654 | 0.84 |
| 8 alfalfa | 13,222 | 0.88 |
| 9 alfalfa | 7,589 | 0.58 |
| 10 alfalfa | 7,777 | 0.61 |
| 11 alfalfa | 7,311 | 0.70 |
| 12 alfalfa | 14,443 | 0.86 |
| 13 alfalfa | 8,123 | 0.91 |
| 14 mezquite | 11,661 | 0.58 |
| 15 mezquite | 13,789 | 0.81 |
| 16 mezquite | 10,432 | 0.61 |
| 17 mezquite | 9,854 | 0.85 |
| 18 mezquite | 21,221 | 0.77 |
| 19 mezquite | 10,066 | 0.94 |
| 20 mezquite | 7,123 | 0.80 |
| 21 azahar | 10,011 | 0.97 |
| 22 azahar | 14,521 | 0.79 |
| 23 azahar | 13,299 | 0.90 |
| 24 azahar | 8,566 | 0.74 |
| 25 azahar | 9,350 | 0.62 |

## El gran matematón

| Número de colmena y nueva comida | Población | Respuestas positivas |
|---|---|---|
| 26 zarzamora | 20,005 | 0.73 |
| 27 zarzamora | 6,923 | 0.66 |
| 28 zarzamora | 8,642 | 0.84 |
| 29 zarzamora | 9,111 | 0.90 |
| 30 zarzamora | 11,379 | 0.71 |
| 31 zarzamora | 12,888 | 0.81 |
| 32 diente de león | 19,543 | 0.94 |
| 33 diente de león | 8,521 | 0.75 |
| 34 diente de león | 7,912 | 0.91 |
| 35 diente de león | 10,753 | 0.81 |
| 36 diente de león | 18,632 | 0.85 |
| 37 diente de león | 14,888 | 0.76 |

Éstas son preguntas sobre decimales y porcentajes seleccionadas de la mesa de Buzz. Para contestar la pregunta 5, hay que remitirse al cuadro de Péxeps.

1. Suma:

    $0.0001 + 0.3 + 0.246 =$

2. Resta:

    a) $0.36 - 0.004 =$
    b) $0.216 - 0.099 =$

3. Multiplica:
    a) $0.34 \times 0.006 =$
    b) $0.21 \times 0.09 =$

4. Divide. Lleva tu respuesta a dos lugares decimales de precisión.

a) 0.064 ÷ 0.4 =
b) 0.4 ÷ 0.064 =
c) 0.046 ÷ 0.03 =

5. (Mira el Cuadro de Péxeps.)

    a) ¿En cuántas colmenas de 70 a 79% de las abejas prefiere la nueva comida?
    b) ¿En cuántas colmenas 80% o más prefiere la nueva comida?
    c) ¿Este número de colmenas donde 80% o más prefieren la nueva comida, qué porcentaje representa de las 37 colmenas? Escribe tu información como una fracción, divide para saber el equivalente decimal y conviértelo en un porcentaje.

# Respuestas

## Ejercicio 1

1. (1, 4)
2. (−2, 4)
3. (−6, −2)
4. D es (−1, −6); E es (2, −4)
5. (4, 1)
6. 5 en dirección X, sentido positivo, 7 en dirección Y, sentido positivo.

## Ejercicio 2

1. −5
2. −7
3. +3
4. −1
5. +1
6. +36
7. −9
8. −8
9. −1
10. −2
11. +2

## Ejercicio 3

1. $4^4$
2. $4^5$
3. $4^{12}$
4. $4^2 = 16$
5. 100,000
6. $10^9$

7. $10^3$
8. $6 \times 10^8$
9. $2 \times 10^2$
10. 200

# Ejercicio 4

1. a) $\dfrac{4}{7} = \dfrac{16}{28}$

   b) $\dfrac{2}{9} = \dfrac{14}{63}$

2. a) $\dfrac{1}{2} + \dfrac{7}{8} + \dfrac{1}{16} =$

   $\dfrac{1}{4} = \dfrac{3}{12}$

   $\dfrac{7}{8} = \dfrac{14}{16}$

   $\dfrac{8}{16} + \dfrac{14}{16} + \dfrac{1}{16} = \dfrac{23}{16} = 1\dfrac{7}{16}$ cubetas

   b) $\dfrac{1}{2} = \dfrac{8}{16}$ entonces $1\dfrac{7}{16}$ cubetas es un poco menos que $1\dfrac{1}{2}$ cubetas.

3. a) $\dfrac{1}{3} + \dfrac{1}{2} + \dfrac{1}{4} =$

   $\dfrac{1}{3} = \dfrac{4}{12}$

$$\frac{1}{2} = \frac{6}{12}$$

$$\frac{1}{4} = \frac{3}{12}$$

$$\frac{4}{12} + \frac{6}{12} + \frac{3}{12} = \frac{13}{12} = 1\frac{1}{12}$$

b) $2 - 1\frac{1}{12} =$

$$\begin{array}{r} 2\!\!\!/\,\overset{1}{}\frac{12}{12} \\ -\ 1\frac{1}{12} \\ \hline \frac{11}{12} \end{array}$$ hotcake sobrará

4. a) $\dfrac{1}{2} + \dfrac{2}{7} = \dfrac{7}{14} + \dfrac{4}{14} = \dfrac{11}{14}$

b) $\dfrac{1}{4} + \dfrac{7}{8} = \dfrac{2}{8} + \dfrac{7}{8} = \dfrac{9}{8} = 1\dfrac{1}{8}$

5. a) $\dfrac{3}{5} - \dfrac{1}{8} = \dfrac{24}{40} - \dfrac{5}{40} = \dfrac{19}{40}$

b) $2\dfrac{3}{7} - 1\dfrac{8}{14} =$

$$2\frac{6}{14}$$

$$-1\frac{8}{14}$$

$$\cancel{2}^{1}\frac{20}{14}$$

$$-1\frac{8}{14}$$

$$\frac{12}{14} = \frac{6}{7}$$

c) $5\dfrac{1}{5} - 3\dfrac{1}{4} =$

$$5\frac{4}{20}$$

$$-3\frac{5}{20}$$

$$\cancel{5}^{4}\frac{24}{20}$$

$$-3\frac{5}{20}$$

$$1\frac{19}{20}$$

# Ejercicio 5

1. a) $\dfrac{2}{3} \times \dfrac{3}{4} = \dfrac{6}{12} = \dfrac{1}{2}$ o $\dfrac{2}{\cancel{3}} \times \dfrac{\cancel{3}}{4} = \dfrac{2}{4} = \dfrac{1}{2}$

   b) $2\dfrac{1}{2} \times 3\dfrac{1}{3} = \dfrac{5}{2} \times \dfrac{10}{3} = \dfrac{50}{6} = 8\dfrac{2}{6} = 8\dfrac{1}{3}$ o $\dfrac{5}{\cancel{2}} \times \dfrac{\cancel{10}^{5}}{3} = \dfrac{25}{3} = 8\dfrac{1}{3}$

c) $3\dfrac{1}{2} \times 2\dfrac{1}{3} = \dfrac{7}{2} \times \dfrac{7}{3} = \dfrac{49}{6} = 8\dfrac{1}{6}$

2. a) $\dfrac{2}{3} \div \dfrac{3}{4} = \dfrac{2}{3} \times \dfrac{4}{3} = \dfrac{8}{9}$

b) $3\dfrac{2}{3} \div 1\dfrac{1}{2} = \dfrac{11}{3} \div \dfrac{3}{2} = \dfrac{11}{3} \times \dfrac{2}{3} = \dfrac{22}{9} = 2\dfrac{4}{9}$

c) $4\dfrac{1}{4} \div \dfrac{3}{4} = \dfrac{17}{4} \div \dfrac{3}{4} = \dfrac{17}{4} \times \dfrac{4}{3} = \dfrac{17}{3} = 5\dfrac{2}{3}$

# Ejercicio 6

1. Suma

   $0.0001 + 0.3 + 0.246 =$
   
   ```
     0.0001
   + 0.3
     0.246
   ─────────
     0.5461
   ```

2. Resta

   a) $0.36 - 0.004 =$
   
   ```
     0.36
     0.004
   ─────────
     0.356
   ```

   b) $0.216 - 0.099 =$
   
   ```
     0.216
     0.099
   ─────────
     0.117
   ```

3. Multiplica

   a) $0.34 \times 0.006 =$
   
   ```
      0.34
   ×  0.006
   ─────────
     0.00204
   ```

   b) $0.21 \times 0.09 =$
   
   ```
      0.21
   ×  0.09
   ─────────
     0.0189
   ```

4. Divide. Lleva tu respuesta a dos lugares decimales de precisión.

a) $0.064 \div 0.4 =$ $\quad 0.4\overline{)0.064} \quad 4\overline{)0.64}^{.16}$

b) $0.4 \div 0.064 =$ $\quad 0.064\overline{)0.4}$

$$64\overline{)400.00}^{6.25}$$
$$\underline{384}$$
$$160$$
$$\underline{128}$$
$$320$$
$$\underline{320}$$

c) $0.046 \div 0.03 =$ $\quad 0.03\overline{)0.046} \quad 3\overline{)4.60}^{1.53}$

Como el siguiente número en el cociente será 3 otra vez, 1.53 es correcto hasta 2 lugares decimales.

5. a) 11
   b) 19
   c) $\dfrac{19}{37}$

$$37\overline{)19.00}^{0.51}$$
$$\underline{18\,5}$$
$$50$$
$$\underline{37}$$
$$13$$

Vemos que el número siguiente será menos que 5, porque ya hemos multiplicado por 5. Fue 185, entonces 0.51 es correcto hasta dos lugares decimales de precisión. Por lo tanto la respuesta es 51%

## ¡EL FIN DEL GRAN MATEMATÓN!

La autora Lucina Kathmann es una novelista, escritora de cuentos cortos, periodista y ensayista en español e inglés. Nacida en Estados Unidos, ha vivido en San Miguel de Allende, Guanajuato, México por más de 40 años.

Como Vice-Presidenta Emérita del PEN Internacional, Lucina viaja por el mundo conociendo a escritores que trabajan en situaciones interesantes y peligrosas. Su pluma y sus habilidades defensoras están siempre a su servicio. Ella pasa parte de cada año escolar en Chicago, dando tutoría a estudiantes brillantes de secundaria, esperando que avancen desde sus aulas desfavorecidas a una de las preparatorias de élite del área. Muchos tienen éxito. Cuando está en casa en San Miguel, responde muchas llamadas de emergencia matemática de sus 17 nietos. Todos son de los seis hijos que ella y su compañero, el finado Charles Kuschinski, heredaron una noche hace 31 años cuando la mejor amiga de Lucina murió al dar a luz. Sus dos hijos biológicos aún no han producido estudiantes de matemáticas.

Otros trabajos de Lucina Kathmann:
Péxeps y el Oso es una colección de cuentos acerca de un humano, muchos animales y algunos encantadores dragones. Contado en inglés y en español.

Espacios privados, lugares públicos, ensayos, artículos periodísticos y otros textos cortos acerca de los conflictos de las escritoras en todas partes, con abundantes citas de trabajos de mujeres de todos los continentes, algunos traducidos por primera vez. Publicado en ediciones en inglés (como Private Spaces, Public Places) y en español.

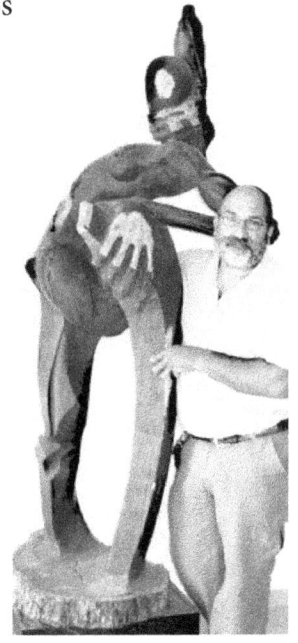

El ilustrador Fabián Nanni también es pintor, escultor, ceramista y profesor. Ha estudiado y enseñado arte en Francia e Italia, así como en su natal Argentina. A Fabián le gusta trabajar especialmente con maderas duras, piedra, metales y otros materiales para esculpir.

Ha tenido presentaciones en 118 exhibiciones y ha ganado todo tipo de premios. Aquí está él con una de sus esculturas, una figura humana tallada en madera.

www.ingramcontent.com/pod-product-compliance
Lightning Source LLC
Chambersburg PA
CBHW081455040426
42446CB00016B/3259